U0955000

中国高等教育服装服饰教学创新丛书

袁仄 主编

fashion

外国服装史

（修订版）

A History of Costume in the West

袁仄 蒋玉秋 李柏英 编著

国家一级出版社
全国百佳图书出版单位
西南师范大学出版社
XINAN SHIFAN DAXUE CHUBANSHE

Forword

序

大凡一门学科，教材是十分重要的，这是毋庸置疑的。

教材通常也是一门学科成熟的标志之一。对于中国服装教育这一相对年轻的学科而言，写好、编好服装教材不仅是教学发展之必需，同样也将我们几十年来的教学思考、教学经验、教学成果沉淀下来，固化下来。但这不是编撰教材的唯一目的。

其实，教材难写，教材难编，是不言而喻的。

古往今来有口皆碑的好论著、好小说比比皆是，但被人称道的好教材颇稀。原因很简单：难！

因为教材是人类文明的结晶；教材是体现教学内容和教学方法的知识载体；教材应该是客观、公正、科学并能循序渐进地传授知识、思想和技艺的工具书。也就是说，教材编撰必须根据学科的教学逻辑，依照教学的规律和学生的认知基础，从而对学科内容进行设计、规划，系统地奉献当前该领域的优秀成果。教材不应有谬误、不凿、偏颇的内容，其本质不是个人专著，而应该是集学科研究之大成的普及版本。此是难写之一。

难写之二，编撰教材的目的除了系统传授前人知识之外，十分重要的是要运用知识启迪学生，启发学生的思维，呼唤学生的想象，培养学生的创新能力。这往往是教材编写的难点与悖论，既要进行知识的传承，又要培养学生对过往知识的挑战和批判，这无疑是具有高难度的，但这是教学的必须，也是教材所必需的。若教材在传授经验的同时，使学生能从中获取启迪，唤醒创意，其意义更大。事实也是如此，年轻人永远不可能满足固有的知识，当他们的圆珠笔在教材上涂涂画画的时候，未必不是其创新想象的懵懂萌芽。

其三，通常而言，教材的编撰与学科发展并非同步，所以教材不能不更新。中国的服装高等教育不足30年，亦是摸着石头过河，其教材建设同样是亦步亦趋地摸着石头走来。目前，服装类教材林林总总，数量不可谓不多，但必须承认，其中良莠不齐，喜忧参半。而今在全球经济一体、知识信息爆炸、传播媒体多元、创新经济崛起的今天，作为世界时尚产业的教育不能不有新思维、新方法、新触角、新教材。这就是催生该套《中国高等教育服装服饰教学创新丛书》教材的缘由。

该套教材旨在对现有服装教学的传统教材或教学课目的扩展、补充和新思维的探究，也可以说是深化教育改革，全面推进素质教育，培养创新人才的新一轮教材建设。

该套教材将过往服装教育内容延展到新的服装、服饰品类，时尚、史论领域……诸如针织类服装设计、首饰类饰物设计、箱包类配饰设计、时尚传播理论等等。新教材可以弥补当代服装服饰产业迅速发展中对新领域知识的需求，教材可以成为方兴未艾的服装教育新课程之新教材。

该丛书在编撰过程中，力求融会国内外相关研究成果，体现现代教育理念与方法，令教材具有应有的前瞻性、先进性、科学性和通识性。重要的是，该教材立足于开拓学生思维，培养学生创新能力。在内容上拓展知识信息，在案例教学里探索新教学方法或模式。虽然该套教材涉及的课目各不相同，但寻求服装教学创新思想与创新方法的目标是共同的。

中国服装教育的教材建设漫漫路长，任重道远……我们试图以创新的思维编撰这套教材，但并不奢望它的完美登场。我们相信探索始终是有益的，或许像学者E.H.贡布里希说的那样：“最宝贵的是：人们只能从试错中寻求真理。”

该套教材正是我们为中国的服装教材建设添砖加瓦、抛砖引玉……

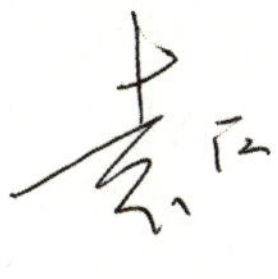

2009年春于南国香山澳

前言

史学教育是学科教育的重要内容，也是支持学科的三大基石之一。但目前由于应试教育的误导，学生对史地人文的重视程度普遍下降，甚至有的学生对学习史论及专业史学的重要意义不甚了解，此乃基础教育之悲哀。但是，编者在编撰专业历史教材《外国服装史》时，始终虔诚地认定：“历史是人类的财富，历史是民族文化的基因，而多元的各民族文化更是滋润今日世界文化的土壤，唯有全球各个民族历史的积淀方能浇灌出今日文明世界的一片灿烂。”

专业学子学习专业历史是专业教育的必经之路。会画设计图、会打版裁剪、会电脑营销这些仅仅是专业的技艺，但不是专业教育的最终目的。因为，今天的服装专业教育培养的是人才，是能开拓中国服装产业未来的人才，仅学会技艺的学子是不足以担当繁荣和振兴中国服装重任的。史学就是弥补专业技艺教育中对专业源、流的探究以及丰富学生素养的重要环节，该环节中相当重要的一个知识链，恰是外国服装历史的教育。

相对中国服装史，外国服装史在中国的学术根基弱，研究尚处于初级阶段，这是不争的事实。面对一门拥有几千年历史、涉及三大洲和诸多国家的服饰演化历史，依目前国内的专业学界尚无力穷尽如此浩瀚的历史画卷，且缺乏相当的专业研究机构和人才，更何况东西方思维、文化差异甚大。因此，在此领域我们还有很大的差距，客观上也留给了年轻学子未来突破的更多空间。

在这样的前提下，《外国服装史》教材编撰的本身就有诸多困难，虽然国外有不少这类专著，但并不能解决中文教材的问题。如，外国服装历史中的专用名词问题，这是西方长达几千年历史而形成的，其专业的称谓就涉及源自希腊语、罗马语、拜占庭的阿拉伯语、意大利语、西班牙语、法语和英语，还有来自古埃及、美索不达米亚的语言因子。完全的音译不适合国人的阅读习惯，也不合“信、达、雅”的翻译原则，况且东方人对西方的服饰诸多不察与懵懂，故难以用生僻的音译中文解读外国的服装。所以该教材将目前尚未约定俗成的专业名词均将混合使用音译与意译，此乃是不得已而为之。又如，西方服装结构是非常丰富多彩的，其复杂和奇特是东方人难以理解的，即使将实物放在面前，我们都难以解读他们的服装结构，更难以“知其所以然”。西方服饰历经几千年，且不说五千年前的古埃及，即使二三百年前的欧洲巴洛克、洛可可时期的服饰结构就会令我们费解、琢磨。何况我们对西方的传统难以有像对中国古代服饰那般的理解、熟悉，所以教材中亦难以详尽外国服装的结构和细节。但不能忽视的是，西方服装在立体的剪裁方面远甚于我们东方，学习西方的服装就是为了获取可以攻玉的“他山之石”。

毋庸置疑，这本《外国服装史》仅仅是一部简史、一本入门读本，依教材绪论的说法，即学习外国服饰历史的“游学指南”。所以该教材具有指南的特质。该教材的写作方法是对服装史教学和服装史类书籍写作的一种创新和尝试，整书以服装史为主线，以相关历史、地理和文化阐述背景，在参照国外及部分国内学者的研究基础上，梳理、整合、概括了外国服装历史的基本脉络，从古埃及、古两河流域开始，跨过古希腊、古罗马，步入拜占庭、中世纪，随后的文艺复兴到意大利、西班牙，而后的荷兰、法兰西，最后进入20世纪的现代历史。为了让中国学子读到更加精准和丰富的国内外学者的观点，教材中专设了“阅读资料”栏目，即直接引用外国服装史论、外国历史文化和艺术美学等领域的大家、名家著作的相关论述，甚至直接引用外国服装的英文原著（辅以摘译），以期有助于学生直接了解中外学者的观点、论点，满足不同层次学生的需求，也有助于指点出学生进一步探求的途径。

这种直接使用原著的办法可以避免编者将“咀嚼”后的知识喂给学生，而是让学生有更多的可能直接吸纳高层次的学术知识。这样，在对西方服装历史梳理的同时，更大程度发掘了服装产生背后的时代和历史等诸多因素，是对专业学生知识掌握和分析能力的一种拓宽与培养。同时，教材在各个章节都设置了不同的“链接”、“小资料”，一些与服饰相关的知识点能令教材变得更加生动有趣，更能开拓学生的视野，提高其世界文化的修养。

教材编写中对难易程度和教材文字量的把握适度，我们更注重学生整体知识的拓展，注重思辨能力的培养，而不以所谓“丰富”的知识来“喂饱”学生，这就是本教材编撰的初衷。

该教材是集体辛劳的结果，参与编撰的成员有：欧阳琦编撰第一章和第八章，李柏英编撰第二章和第三章，蒋玉秋编撰第四章和第七章，蒋函廷编撰第五章，朱珠编撰第六章；袁仄全面负责、统筹、统稿和编撰绪论，蒋玉秋负责运作及统筹图片，孙宁宁手绘插图，张猛、李岩翻拍、修图等。正是团队的精诚合作，才使教材的编撰排除困难，创出新意，最终共同完成这部《外国服装史》。我们并不奢望该教材是服装史论教学中的完美之作，诚如总序的结尾之言：“为中国的服装教材建设添砖加瓦、抛砖引玉……”

在编撰过程中，我们得到国内专家、学界友人的指点和帮助；得到北京服装学院图书馆的帮助，使该教材得以顺利出版，在此一并感谢！

编 者

于北京樱花路甲二号

Content

目录

绪 论

一、展开外国服装历史画卷

历史是人类的财富……

我们人类的过去正以惊人的速度远离我们而去。已经在这个行星上生活了几百万年的人类，创造了多姿多彩的文明，毋庸置疑的是任何文明都是由人的智慧、人的劳动和漫长的时间积淀而成的。现今的人们已经意识到，在所谓经济全球化的进程中，我们更加需要关注、保护和继承人类历史的文化，研究文化历史中的人类。历史是人类的财富，历史是民族文化的基础，而多元的各民族文化更是滋润今日世界文化的土壤，唯有全球各个民族历史的积淀方能浇灌出今日文明世界的一片灿烂。

同理，服装的历史亦然，在繁荣的今日时装世界里，多种多样的历史服装同样是今人的财富。

毫无疑问，人类的服装历史与人类的文明历史同步。人类古文明的记载都与服饰有关，无论古埃及、古两河流域、古希腊古罗马还是古代中国……无一例外。即便是影响西方最广泛的宗教著作《圣经》，都撰写了人类之初穿衣裳的故事。

外国服装史记载了世界历史上最悠久的文明，那里曾经有过像古埃及、美索不达米亚、古希腊、古罗马那样的辉煌。以后，

古埃及壁画呈现的人类早年的服饰

欧洲在经历了中世纪的沉寂和历练后，开始出现了与古代欧洲以及与东方世界完全不同的服饰形态，欧洲服装呈现了另一派勃勃生机，西方服饰留下了五彩缤纷的历史轨迹。外国服装史就是记录西方服饰文化的灿烂历史及其服饰风格。

从中世纪后开始，西方的服饰理念、结构、剪裁、形态等发生了重大变化，与东方的服饰理念、结构、剪裁、形态分道扬镳，相去甚远。所以，东西方文明的外在符号也出现了巨大差异，简言之，东方是宽衣文化与西方是窄衣文化。

19 世纪上半叶的中国，当年相对开明的清朝大臣林则徐在澳门见到洋人的衣饰大惑不解："惜夷服太觉不类，男人浑身包裹紧密，短褐长腿，如演剧扮作狐、兔等兽之形。妇女头发或分梳两道，或三道，皆无高髻。衣则上而露胸，下而重裙……真夷俗也。"但恰是这样的"夷俗"创造了丰富多彩的西方服饰历史。必须承认，作为东方人的我们，对西方的服饰文化相当陌生。不仅对其产生的历史缘由、审美喜好不解，就是对那些服装的结构、穿着方式都不甚了解。毕竟文化的差异甚巨，我们不可能像他们那样对文艺复兴以后的拉夫皱领、裂口装饰或撑架裙等服饰，具有故国家园般的亲切情怀；同样，我们不可能期许一个外国人会对中国的宽衣博带那般钟情与喜爱。

这部外国服装史教材是部简史。对于有几千年历史的外国服装而言，写就一部鸿篇巨制亦不为过。因为通常的外国服装史都是从古埃及、古代两河流域讲起，横跨亚、非、欧三大洲，历经约六七千年的历史。随着古代文明摇篮的兴盛与衰落，服装的中心随之转移。从中世纪以后，欧洲的服装逐步成为西方服饰的主流，尤其在文艺复兴以后，欧洲的服饰越来越丰富，越来越成熟。随着当时欧洲政治、文化中心的移行，意大利、西班牙、荷兰、法国、英国等分别创造了各种不同的服装样式，并影响了那个时代的时尚风貌。虽然，我们在远东试图研究、透析西方服装历史并不现实，但作为服装专业的学生了解西方服装史，了解西方服装历史的演化轨迹，了解西方服装的基本形态、形式以及服装的构成是非常必要的。就如同学习西洋音乐的学生要了解海顿、巴赫、莫扎特；学习美术的学生要知晓伦勃朗、委拉斯贵支、塞尚、安迪·沃霍尔那样。常言道："他山之石，可以攻玉"。

像通常的外国文明史一样，本教材也是将古埃及、美索不达米亚作为西方服装史的开始。虽然西方的服饰并非埃及、两河文明文化的直接继承者，但不能否认，古代地中海沿岸文明的惊人影响力，其对以后文明影响的深度或其潜移默化程度是难以想象的。而对早期文明服饰的了解，似乎让我们重访人类服饰的幼年时代，恰为现今经济全球化、绿色环保、回归自然等新形势下的时装产业，提供积极的视角与思考。随后的古希腊、古罗马服饰，那些希顿、托加引发了我们对服饰文明早年淳朴自然的遐想；中世纪后期开始了立体剪裁的窄衣形态，让人惊叹纤维织物对人体的塑造；文艺复兴以来的欧洲步入服饰的繁荣时代，立体的造型、华丽的装饰、夸张形体的填充、紧身胸衣、撑架裙等，各种方法无所不用其极，期间男装女装都创造了无数绚丽的款式；同样，欧洲随着工业革命及资产阶级革命的爆发和深入，西方服饰开始向现代演进，率先完成男女服装的现代化变革。不可否认，现代服装的形态与审美皆以西方为主导，以西方服装为蓝本，随后百年的现代服装依旧由西方的时装之都掌握着话语权。这就是历史，不容否认的历史，所以学习历史恰有助于“知己知彼”。

[阅读资料]

地理、文明与人

文明，无论其范围广大还是狭小，在地图上总能找到它们的坐标。它们的本质特征取决于它们的地理位置所带来的局限或便利。

当然，人力在几个世纪乃至一千年中终究对地理因素产生了一定影响。每种地貌上都留下了一代又一代人不断积累的劳作痕迹。与此同时，人类自身也通过法国历史学家儒勒·米什莱所说的“决定性的自我塑造”或卡尔·马克思所说的“人类自身的生产”，而得到改变。

这也就是说，讨论人类利用这些基本环境所创造的东西——农业、畜牧业、食物、居所、衣物、通讯、工业等等。人类无尽无休地演出戏剧的舞台，在一定程度上决定了他们故事的线索并说明了故事的性质。演员可以变换，但布景依然完全相同。

……

当然，自然环境和人为环境并不能预先就决定一切。环境并非无所不能，但是它会对任何既定地点先天具备的或后天获得的有利条件产生很大的影响。

以先天具备的有利条件为例，每种文明都源于直接的机遇，都是对这些机遇的利用。因此，在历史的黎明时期，古代世界繁荣着许多大河文明：黄河流域的中国文明，印度河沿岸的前印度文明，幼发拉底河和底格里斯河沿岸的苏美尔、巴比伦和亚述文明，尼罗河沿岸的埃及文明。与此类似，还有海生的文明（Civilisations Thalassocratiques），即大海的女儿：腓尼基、希腊、罗马（如果说埃及是尼罗河的产物，它也同样是地中海的产物）。同样，一个充满生机的文明群也在波罗的海和北海——更不用提及大西洋了——沿岸的北欧地区发展起来。事实上，当今西方及其附属国大部分都是环绕着海洋聚合在一起的，它们与从前的罗马世界环地中海而聚合不是有几分相像吗？

事实上，这些典型事例尤其表明了交往的至关重要性。没有一种文明可以毫不流动地存续下来：所有文明都通过贸易和外来者的激励作用得到丰富。例如，倘若离开了阿拉伯商队横跨沙漠和大草原这样的“干燥的海洋”的流动，离开了他们在地中海地区和印度洋沿岸乃至远到马六甲（Malacca）和中国的旅行，伊斯兰世界便无法想象。

这些成就的提出已经使我们超越了自然的和直接的有利条件，而在人们看来，正是这些有利条件导致了文明的兴起。克服沙漠的逆境和地中海的暴飑，利用印度洋的和风，在河中修坝筑堤——这一切都离不开人力，是人类在享受这些有利条件，或者毋宁说他们在创造这些有利条件。

——［法］费尔南·布罗代尔．文明史纲．桂林：广西师范大学出版社，2003，29–30

二、外国与中国的服装之别

学习西方服装历史，不能不想到东西方服饰的差异，这是两种从形态到理念都相去甚远的服饰文化。正如一本关于中国服装历史的教科书中也提到：东方和西方两大文明长久以来就在地球的两端相互眺望着，地球另一半的文明给人朦胧、神秘之感，更令人憧憬不已。这种文明的差异促成双方的好奇与倾慕，尽管有时排斥，但更多的是相互吸引，相互补充……

清慈禧太后与洋人的合影，东西方服饰迥然不同。

西方与东方确有诸多的不同。服装的观念、审美、形态、材料、结构等方方面面的差异甚多，当东西文化相遇、相交、相逢时，存在的误解、偏见、矛盾是不可避免的。而这种差异来自诸多因素，不仅有着地理、气候、物产的不同，更深层的缘由在于民族性格、文化、心理和历史。这是偌大的一个命题，很值得学习外国服装史的人思考。

但是，若要简而言之的话，西方服装与东方服装一个最重要的差别就是“省”(Dart)。

这项工艺十分简单，但中国千年的服装历史上并没有该技术的运用，并非中国人没有发现，而是不屑。因为中华民族的民族个性、民族文化、民族心理、民族审美不接受这种立体塑造人体的做法。但是，西方恰用“省”这项工艺，让柔软的纺织材料塑造出立体的人体，甚至用来强化形体、强调线条、夸张性别。然而，这又并非技术之功，乃是因西方民族的个性、文化、心理、生理和审美接受这种立体塑造人体的做法。正是这项小小的技术令东西方的文化符号呈现了如此巨大的差异。

不过，不能单一地看待“省”的影响，必须承认：造成东西方服装差异的最基本客观因素是人类存在的外部条件。东西方民族生活的地理环境上的差异、气候上的不同，导致生存需求的不同。生活在欧洲中、北部地理环境相对寒冷的欧洲人，与生活在温带亚热带的亚洲子民，双方对服装或紧窄或宽松的不同取向，这正是服装实用功能的必然选择。由此，服装材料上也必然要满足不同地理气候条件的需求，故西方人更多采用保暖性强的羊毛纤维，而东方普遍采用丝、麻、棉等吸湿透气强的纤维。而正是材质上的不同，厚挺的羊毛织物与飘逸的丝绸织物亦导致服装形态上的差异。

至于在服装裁剪技术上，东西方的服装由于功能、审美的不同取向，所以在技术上发展了各自不同的结构、裁剪、装饰等工艺手段。东方服装始终采用平面剪裁的方法，保持东方服装的宽松、飘逸；西方服装则越来越趋向合体、愈来愈立体。不可否认，西方服装立体剪裁的历史悠久、技术精湛，现代服装裁剪的基本技术就是西方传统技术的承继。

从文化的深层探究，东西服装根本差异当然植根于不同文化的民族心理、文化背景与审美观念。西方文化更多地鼓吹人与自然的对立，在服饰造型上注重突出“人”，强化性别，凸显人体线条，甚至夸张第二性征。与之相反的是东方文化注重人与自然的和谐，忽视人体，弱化人体，模糊性差，故东西服饰分道扬镳千余年。正是这种不同的服饰文化与形态，为现代时装设计、时尚文化提供了无限的历史之源及历史之流。

[阅读资料]

文化的性质与特征

……

其四，文化是历史承继的，它能够通过代代相传的不断积累，形成特定的文化传统。上一代把文化特征传给下一代的基本方式是“濡化”(Enculturation，或译作文化熏染)。

这是一个有意识和无意识学习的过程，通常表现为社会成员通过观察模仿或在该社会其他成员指导下的后天习得。因此，一种文化模式一经形成便具有保持下去的倾向，尽管任何一种文化都可能呈现出不同程度的多样性，但在它内部总会有一个给这种文化定性的主旋律，即所谓民族精神。对一定文化的主要形态与特征加以总结、阐述并形成符码化的标志，这便是文化学中所谓“文化认同”的过程。按照本尼迪克的观点，任何一种文化，只要它不灭亡，就一定要固执地寻求一种统一形态，而这种统一形态便是被民族精神从内部统一了的文化的首尾一贯的状态。当然，这里所说的首尾一贯只能是相对的。

第五，尽管我们已承认每一种特定的文化都具有维护其持续性与稳定性的内在力量，但我们还是要指出：一定民族的文化形态是可以变迁的。实际上，从来没有一代人的文化模式曾经完全彻底地为下一代所承继，这是因为没有一个地区或民族的生存空间可能是绝对封闭和自足的，而不同文化间的相互交流与传播必然导致文化的互化（transculturation）或涵化（acculturation 或译文化潜移）现象。其中互化指的是不同文化间的交互影响，涵化则是指对来自其他文明的文化成果的吸纳与消化。这两种方式都可能赋予某种既成的文化以新的内容或形态。可见，在文化演变的历程中，来自“他者”的既是挑战也是文化变革的推动力。同时，随着社会的进步，每一个人类群体都在不断创造出新的文明果实来丰富自己的文化宝库。所以，同一地域和民族的文化虽然有着民族精神的主旋律，但在不同的时代仍可能呈现出不尽相同的待征。有的时候，这种由征服、影响与互渗，乃至技术进步等因素带来的生活方式的改变会引起更大的变革，形成所谓的文化转型。

——徐行言．中西文化比较．北京：北京大学出版社，2004，18—19

三、如何学习外国服装史

当打开这本《外国服装史》教科书时，你可以把自己比作一个旅行者进入一个陌生的国度，那里有异域的风情、异国的历史、异族的服饰……你应该保持好奇、欣喜和激情。尽管你曾经在图画或影视中见过外国服装，但阅读此书是沿着西方文明历史的轨迹，一步一步观察外国古人和近现代人的衣着打扮，观看他们男男女女服装的演变：古埃及人的华美装饰与其简陋的缠腰布；古希腊人裸体雕塑与优雅的爱奥尼亚式希顿；融入西亚阿拉伯艺术的拜占庭长袍和欧洲哥特式的高帽；文艺复兴的人文暖风吹拂着意大利母性的女装；西班牙的拉夫皱领和撑架裙开启了人造之美；巴洛克时期的俏丽男装令“须眉”不让“巾帼”；洛可可艺术把女人装扮成会“行走的花园”；法国革命后的希腊式新古典主义装扮；资产阶级革命和工业革命给欧洲服装注入新的活力，欧洲男装率先步入现代；20世纪后的西方服装发生了天翻地覆的变化，夏奈尔的女装、迪奥的“新风貌（new look）”、60年代的迷你裙、80年代的牛仔装和后现代主义时尚……

这是一段外国服装的简短历程，是给外国服装史初学者的入门读物，也可以称作一本学习外国服饰历史的“游学指南”。通过学习，可以初步了解外国服装发展的过程，了解西方各个时期服装的主要特点、样式、结构等等，读者若想更深入探究这个领域，教材里提供了外国学者撰写的外文读物及相关译本，相信阅读外文原著更加有益，外国专家的研究肯定远甚于本教材。

本教材旨在提供更多外国服装史的相关知识，所以设立了“阅读资料”、“链接”和“小资料”等栏目，就是让学生可以直接参阅外国著作原文，或者阅读与服装相关的理论、知识或信息，以期我们的学生不要囿于本教材的有限记述上，也不要仅仅囿于服装的本身。在学习外国服装历史的同时，学生也应该对外国的历史、地理、艺术、文化进一步涉猎，因为服装本身不是孤立存在，正是由种种丰富的历史机缘才促使其形成与演变。

历史虽然已是昨日之事，但今日也就是明天的历史，历史是流淌的。任何将历史教学视为学究式或说教式的教学方法都是对历史学科的亵渎。建议学习本教材的学生，不要死记硬背，不必背诵那些对我们十分陌生的专用名词（因为目前尚无法在学界统一某些专用名称的翻译），所以读者更应该在历史的大背景下体味当时的服装。甚至建议：能不能换一种学习方法，请你拿起一支笔，把每个历史时期的主要服装勾勒出来。如果图片不详，就到图书馆、网络寻找佐证，分析研究，这样的学习更加有益，尤其对服装设计的学生。据说，国外有的服装院校便将仿制西方历史服装作为入门课，这不失为一个很好的创意。本教材不是为了背诵，而是为了应用！

在此，附有外国服装史或外国文化历史方面的中外文参考书目，这些都是为了进一步丰富学生的知识，更加有助于年轻学子在历史文化素养方面的积累、学术视野的开拓、创造性思维的启迪……

其实，能让人类优秀的历史文化滋养我们自身，岂不快哉？

参考书目：

* James Laver.***Costume & Fashion***. first published in Great Britain, 1969

* Payne, Blanche. ***History of Costume: From the Ancient Egyptians to the Twentieth Century***. New York: Harper and Row, 1965

* Payne, Blanche, Geitel Winakor, Jane Farrell-Beck. ***The History of Costume, 2nd edition***. New York: Harper Collins, 1992

* Francois Boucher. ***20,000 Years of Fashion: The History of Costume and Personal Adornment, Expanded Edition***. New York: Harry N. Abrams, INC, Publishers, 1987

* Phyllis Tortora, Keith Eubank. ***A Survey of Historic Costume*** [M]. New York: Failrchild Publications, 1989

* Bronwyn Cosgrave. ***The Complete History of Costume & Fashion from Ancient Egypt to the Present day***. New York: Checkmark Books, 2000

* J. Anderson Black& Madge Garland. ***A History of Fashion***, Printed in Italy by New Interlitho. Milan 1985

* Nemet-Nejat, Karen Rhea. ***Daily Life in Ancient Mesopotamia***, Westport, CT: Greenwood Press, 1998

* Gerda Buxbaum. ***Icons of Fashion: the 20th Century***, London, New York. Prestel Verlag, 1999

* [美] 房龙．人类的艺术，第 2 版．西安：陕西师范大学出版社 ,2008

* [法] 迪迪埃・戈巴克．亲临风尚．长沙：湖南美术出版社 ,2007

* 袁仄，胡月．世界时装大师．北京：人民美术出版社，1990

* [英] 普兰温・科斯格拉芙著，龙靖遥，郑晓利译．时装生活史．上海：东方出版中心 ,2004

* 李当岐．西洋服装史，第 2 版．北京：高等教育出版社 ,2005

* [美] 安妮・霍兰德著，魏如明等译．性别与服饰．北京：东方出版社 ,2000

* 郑巨欣．世界服装史．杭州：浙江摄影出版社 ,2000

* [英] 乔安妮・恩特维斯特尔著，郜元宝译．时髦的身体——时尚、衣着和现代社会理论．桂林：广西师范大学出版社 ,2005

* 黄能馥．中外服装史．武汉：湖北美术出版社 ,2002

* 袁仄主编．世界服装名师名牌系列丛书（四册）．北京：中国纺织出版社，2001

* [美] 珍妮弗・克雷克著，舒允中译．时装的面貌．北京：中央编译出版社 ,2004

* [德] 齐奥尔格・西美尔．时尚的哲学．北京：文化艺术出版社 ,2001

* 叶立诚．中西服装史．北京：中国纺织出版社 ,2001

第一章
古埃及与两河流域服饰

处于地中海南岸的古埃及文明，以及地中海东岸的两河流域文明，都是以河流为中心发展起来的以农业为基础的古代文明，是现代西方社会艺术、宗教、哲学、政治等一系列文明形成的基础。

由于地理环境、民族、气候等原因，古埃及和两河流域表现出一静一动两种完全不同的文化性格，在服饰文化上也展现出不同的特点。但是，受地中海区域热带、亚热带气候影响，他们的服饰又表现出宽衣文化中“披挂”风格的共性。其基本形式是：用一块方形的面料，通过不同的披挂方式来创造不同的服装款式，有时候，这些服装又通过局部系扎、别针或者缝纫相连接，形成不同风格，每一种风格都代表一种文明或者该文明某个阶段的独有特征。披挂式服装发展过程中，亦因山地民族服饰影响，在服饰形制的发展中逐步演化。不过，因早期人类生产力水平的低下，其服饰形态变化缓慢，加之考古发现的种种限制，对古人类的衣着历史尚有诸多的空白之处。

一、古埃及地理及历史背景

古埃及地处非洲东北角，北临地中海，东临红海，世界第一长河尼罗河自南向北贯穿全境。河水每年定期泛滥带来肥沃的淤泥，成为农作物生长得天独厚的条件，形成哺育古埃及文明的“黑土地”，环绕黑土地周围的，是广袤的红色沙漠。古埃及人对母亲之河——尼罗河感情深厚，自称“黑土之民”，以与周边沙漠的“红土”相区别。得益于大海和沙漠环绕的天然屏障保护，古埃及很长时间以来都少有外敌入侵的困扰。

古埃及统一王朝的历史从公元前3100年开始，至公元前332年止，经历了三个兴盛期和三个衰退期共30个王朝。到了第20王朝后期，一系列的奴隶起义导致国力衰竭，之后历经数百年反复的外族入侵、重获独立、再侵占、再反抗的历史，于公元前332年被亚历山大大帝征服。至此，满载着先辈光荣与骄傲的古埃及文明终于在异国大军铁骑的践踏中消亡，古埃及人的荣光就此终止。

古埃及历史大致分为四个时期：早期王朝和古王国时期（约B.C.3200-B.C.2280）；中王国时期(B.C.2134-B.C.1787)；新王国时期(B.C.1570-B.C.1090)；后期王朝时期（B.C.1090-B.C.525）。

二、古埃及艺术、宗教与社会结构

尼罗河与沙漠一直是古埃及人创造的主题和灵感来源，因自然万物崇拜而产生的宗教，则成为古埃及人的全面服务对象。因此，在古埃及文化中，自然、宗教和艺术三者密不可分，宗教与艺术更是相伴相生。在“永恒”与“不变”的信念指引下，古埃及艺术始终充满静穆和庄重，并伴随着浓厚的宗教气息。除了灵魂之外，古埃及留下的大量壁画艺术无意给他人欣赏，只在意“使人生存”。与画面的精致美观相比，古埃及的艺术家更注重遵循严密的法则，保持画面的完整性和功能性，因此创造了一系列程式化的规则，除了“正面律”与“正身侧面律”以外，还有诸如：男子皮肤为褐色，女子为浅褐或淡黄；头发为蓝黑，眼圈为黑色；人物在水平线上排列构图；按人物地位尊卑安排大小比例；画面充实、不留空白等等。因此，他们的艺术创作更类似于为亡灵标记“复活之路”和描绘“另一个世界的生活”，以其独特的视角阐释了古埃及法老王朝政治、社会和生活等诸多场景。（图1-1）

图1-1 爱西斯女神和女王奈菲塔利（Nefertari）着丘尼克连身衣和贯头衣。

在长达3000年的文明发展史中，古埃及艺术风格令人惊异地表现出近乎一成不变的状态。仅仅在第18王朝的法老阿蒙霍特普四世（Amenhotep Ⅳ）的统治期间，短暂地放松了长期以来遵循的拘谨而程式化的规则，变得自然和世俗化，出现了许多对国王等并不完美躯体写实的作品。之后，古埃及艺术风格再次回归程式化的严肃轨道。

古埃及社会结构如金字塔般等级分明。法老处于金字塔顶端，地位尊贵无可比拟；贵族、大祭司、僧侣、各级官吏以及任职于国家机构各重要部门的书记官属于第一阶层；商人、工匠和各类手工艺人（包括画家、雕塑家、建筑师、家具制造匠、纺织工、珠宝匠等）处于第二阶层；数量众多的农民、劳力和仆人属于第三阶层；奴隶作为社会最底层的人群，大多是外国俘虏，并不是埃及本国人。古埃及社会虽说阶级制度等级森严，却并非世袭的种姓制。因此原则上来说，低阶层的人通过努力，也有通往高一阶层的希望。尽管如此，平民与特权阶层的生活差异很大，能够真正改变自己出身的人实在寥寥无几。所以在古埃及的服饰上，十分明显地体现出社会地位等级的差别。

[链接]

法国人拿破仑·波拿巴于 1798 年率领法军进入埃及。当时他来这里的目的是想从背后袭击英国军队，迫使英国屈服。然而，正是因为这一次远征，却使得湮没了两千多年的尼罗河文明的珍宝得以重见天日。

这完全是一次偶然，拿破仑军队中的一名低级军官在离开军营散步时，来到了一个废弃的古代神庙遗址，于是他从幸运之神手中接过这一块具有巨大考古意义的文物。这件珍宝就是著名的罗塞塔石碑。它之所以有如此重要的意义，是因为它上面刻着关于埃及古代历史的文献。这块石碑上的字，被以后的学者研究辨认出来。从此人们获得了开启尘封了一千五百多年的尼罗河流域文明的钥匙。

[小资料]

正面律和正身侧面律

正面律和正身侧面律是最典型的古埃及艺术法则，其中正面律指在古埃及圆雕作品中，躯体以鼻尖与肚脐连成的正中线而左右对称；正身侧面律指在壁画和浮雕作品中，凡法老和王族成员，头部、两腿和双足呈侧面像，眼睛、上半身呈正面像。仆人则不受以上程式约束，姿态随意，接近于生活中的形象。

在遵循严格的程式化法则的同时，古埃及艺术对人物的容貌特征的描绘却十分写实。这一做法都源于埃及人对“复活”的宗教信仰：刻画具有某个人物生前的肖像特征，将便于灵魂找到可栖的所在，顺利找到复归之路。

[阅读资料]

埃及的地理位置，使它能够同时吸收东西方的各种文化，成为最早步入文明的古国之一。古代埃及文明完全是借助于其得天独厚的自然环境和泛神论的宗教信仰而发展的。埃及人视之为生命线的尼罗河，是埃及辉煌文化的源泉，所以，史学家们常把古埃及文明称作“尼罗河文明”。

尼罗河规则性的泛滥，令古埃及人感到不可思议；而冬去春来，日升日落，星辰运转的自然现象，对古埃及人来说亦无法解释，他们相信其背后皆有神灵的存在，于是产生了古埃及的宗教和神话。他们崇拜、信仰众多神灵，相信人也会像太阳那样，在日落之后又有日出，人必然死而复活，死后只要尸体不腐朽，并不断供给所需一切，灵魂就会永存于死者遗体中，而在另一个世界继续生存。因此他们将死者制成“木乃伊”，以等待复活的机会。为了保护木乃伊，便产生了安全、坚固的各种类型和规模的陵墓，同时将死者日常的生活用品放置其中，以便在另一个世界里享用。于是，这些陵墓也就成了古代埃及艺术珍品的巨大宝库。

——张夫也．外国工艺美术史．北京：中央编译出版社，2001，47—48

三、古埃及服饰

古埃及法老和贵族们长眠的沙漠地带，气候炎热干燥，是其墓葬及随葬品免受自然界侵蚀最有效的屏障。由于这一优越的地理环境，与两河流域相比，古埃及的出土文物要丰富翔实得多，再加上各类文字史料的补充，使古埃及的服饰文化在各种资料的印证下逐渐丰满起来。

古埃及人服装相对简单，早期男子无论地位高低都赤裸上身。古埃及绘画和雕塑中，完全的裸露往往是地位低下者（儿童除外），全部的包裹则是上层阶级的象征。古埃及人衣着稀少主要由于气候炎热与生产水平低下之故。服装款式差别不大，阶级差别主要通过面料的品质、腰带以及配饰来区分。造型简洁、色彩单纯的服装与华美和豪奢的配饰形成鲜明的对比，成为古埃及服饰的最大特点之一。

图 1–2 公元前 1300 年底比斯王族壁画，白色亚麻布压褶的缠腰布

缠腰布（Loin cloth）

这是一种最原始的服装款式。男女通服，一般用本白色亚麻布制成，样式变化有几种，有围裹和兜裆两种基本穿着方式。古王国早期的缠腰布长度一般在膝盖以上。法老的缠腰布造型与普通人基本相同，但面料更为精细，压有细褶，前部系镶嵌宝石和金银饰物的三角形裆布，腰间系精致的腰带，并在背后别一条狮子尾巴以昭示其统治地位。中王国时期，缠腰布变长，贵族中出现了将硬挺薄透的长缠腰布套在厚质地短缠腰布外面重叠穿着的方式。到新王国时期，整体服装风格开始变得华美，简单的缠腰布仍然是平民和奴隶最重要的外穿款式，但在贵族着装方式中却逐渐退化为内衣。（图 1–2）

图 1-3 穿丘尼克的负重妇女，11 王朝时期。

图 1-4 穿丘尼克的象牙女子雕塑，12 王朝早期

丘尼克连身衣（Tunic）

丘尼克连身衣（tunic）是人类文明早期常见的服装，款式结构简单实用，与现在女性穿的吊带裙十分相似，一般用本白色亚麻布制成，自胸而下较合体地包裹身体。这种连身衣在古埃及男女通用，其长度和适体度随着不同历史阶段和不同阶级有所不同。除了白色以外，有的连身衣还有手绘、染色的鲜艳纹样，吊带、裙边上也有许多华丽的装饰。人们的爱美之心，自古可见一斑。

古王国时期，男性的丘尼克连身衣长度仅及膝盖或者在膝盖以上。中王国时期，较高阶层男性的连身衣长至小腿肚，衣身也变得宽松。新王国之后，还出现了衣身较窄，有短袖，腰间系白色细腰带的连身衣，常见高官穿着。相对而言，丘尼克连身衣在古埃及女性中更为流行，其造型与男子相同，长度较男子长，有单肩斜吊带、双肩吊带等类别，吊带的宽度也不尽相同。中王国之前，女性的连身衣高度一般在乳房之下，从而将丰满的乳房露在外面；中王国之后，连身衣提高，吊带变宽，乳房裸露的情况就十分少见了。女性的连身衣也有像男性那样的短袖款式，但一般只有王妃或贵妇穿着。（图 1-3、图 1-4）

贯头衣（Calasiris）

这是新王国时期广泛流行的一种男女通用的筒形贯头式外套，外套里面通常还穿有缠腰布或连身衣。其基本制作方法是：将两倍身长的亚麻布对折，在折线正中开出伸头用的口，两侧留出伸胳膊的口后在侧面竖向缝合。这种宽松的贯头衣有几种穿着方式：保持宽松的状态（这一穿着方式常见于乐师或舞者）；在胸前系结；用细带系扎在腰部形成收腰造型，余量向前收拢，形成较为复杂的形态；用压有百褶的宽布带在腰部系扎，剩余的量垂在身前作为装饰。由于其飘逸卷曲的外形风格与之前的古埃及服饰截然不同，类似款式在与图特摩斯法老同一时期的底比斯人壁画中也曾出现过，因此有学者认为其来源于东方。

新王国时代的拉美西斯（Ramesses，B.C.13-B.C.12 世纪）时期，生产亚麻的技术越来越成熟，精致轻巧的半透明亚麻布盛行。人们将其细细密密地压上褶皱，制成十分精美的贯头衣，面料的层次和褶裥的变化形成了丰富的立体效果和明暗对比，极富装饰性。（图 1-5、图 1-6）

披肩（Shawl）

从 18 王朝开始，古埃及的王子在公开场合露面的时候开始穿优雅而精致的披肩。男女穿着披肩的方式不尽相同，男女通用的穿法是：从左前胸向后过肩膀到臀部，围臀部绕一周后到达身体后部，包裹住右肩，向前于左前胸系扎（图 1–7）。这种穿法的效果像有翼形袖子的连身衣与飘逸斗篷的组合。

腰绳（Ligature）

顾名思义，腰绳就是在腰上系扎的绳子。穿着者全身赤裸，仅在腰间系腰绳，可谓古埃及最简单最原始的“衣服”。系腰绳的形象常见于乐师、舞者、杂技演员等身份卑微的人，但是在第 18 王朝的墓室壁画中发现贵族的女儿也有这种装束，其原因和使用场合至今不详。（图 1–8）

发式、配饰、化妆与鞋帽

在尼罗河流域炎热而潮湿的气候下，及时清洁对保持身体舒适和健康十分重要。从王朝时代开始，假发成为古埃及人生活的

图 1–5

图 1–6

图 1–5 19 王朝时期那布托皇后（Queen Nebto），穿白色合体贯头衣，头戴象征皇室权力的秃鹫冠
图 1–6 20 王朝时期法老，拉美西斯三世，穿半透明压褶的贯头衣
图 1–7 披肩着装示意图
图 1–8 底比斯王室墓室壁画，上半部分为宴会中的贵族，下半部分为演奏的乐师和穿腰绳的舞女

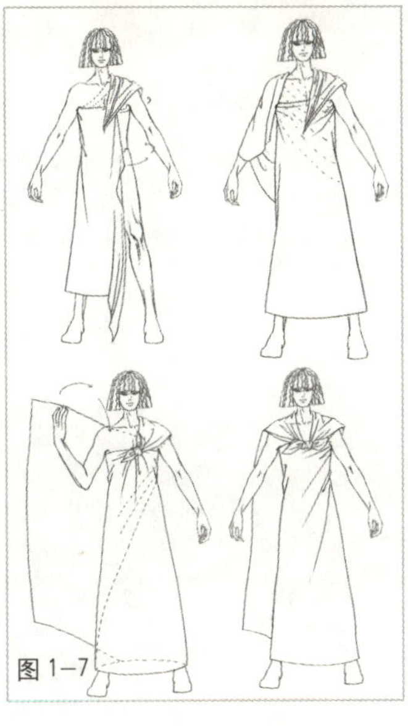
图 1–7

图 1–8

图 1–9 发型显示一个人的社会地位，这幅壁画出自 Amun–her–khepeshef 之墓，显示拉美西斯三世（Ramesses III）之子剃边发的造型，该发型名为“青年之锁”，是年轻皇子的标志

重要内容。假发种类十分丰富，以真发制造的优质假发价格最为昂贵；中等价钱的假发采用真发与植物纤维混合制成；廉价的假发则全部以植物纤维制成。很多假发内还装有用枣椰树纤维制成的垫，令假发的外形更为丰盈，并与头皮之间形成空隙，防暑防热。女人通常留长发，盘起来或编成辫子，也可戴假发，其样式有波浪形、细辫形等。假发的护理也非常讲究，通常存放在特制的盒内，将花瓣或肉桂木屑等洒在假发上熏香气，并用软化剂、植物或动物油脂悉心打理。（图 1–9）

上层阶级的男子胡须被剃得很干净，而下层劳动人民往往留须。与假发相对应，古埃及国王常常把胡须剃光后戴上假须。假须有长有短，编成辫子，最长可达 6 英寸，后来，假须演变为正式场合的装饰品，也成了国王的象征。

王冠作为古埃及最高统治者的头饰，集中了当时最高工艺技术。在重大仪式中，上下埃及法老的王冠上分别装饰有鹰和眼镜蛇，上下埃及合并后，法老的王冠合二为一，代表上下埃及统一在法老的权力之下。

除王冠之外，古埃及国王还有一种代表性头饰——横条纹头巾。这种头巾质地厚重，包裹在法老的假发之外，在额前包紧，呈方形向耳后折叠系于脑后，形成了人们

最为熟悉的标准古埃及法老形象（图 1–6）。普通人在劳动的时候，也有用粗布方巾包裹头部形成类似造型，长出部分搭到背后以遮挡尘土。

女性的头饰更为丰富。新王国时期，妇女常用新鲜的莲花装饰头部，后发展成莲花冠冕。出席重要宴会或节庆场合时，女士们会在头顶佩戴锥形的香料盒。随着温度升高而渐渐融化的香料，渗入假发中散发出阵阵芳香，空气中弥漫着贵族的味道。较为贫穷的人用花瓣和干果制成的饰物来装饰头发。（图 1–10）

图 1–10 女子平顶冠

古埃及人的配饰极尽奢华，品种也非常丰富。其中，黄金是配饰中使用最多的材料；玻璃是埃及人的发明创造，被用于首饰制作中。玛瑙、光玉髓、天青石、长石、绿松石之类的宝石半宝石材料与其他材料一起，被技术高超的工匠们组合，制成硕大而色彩丰富的项圈、耳环、臂环、手镯、头饰等配饰。（图 1–11）

图 1–11 图坦卡蒙法老墓室出土的挂件

人们相信，如果宗教符号融入配饰中，佩戴者就将获得神的庇佑，因此，鹰、太阳神、荷花、纸莎草、埃及特产的动物、代表太阳神与再生的圣甲虫等诸多有象征意义的形象，都会作为装饰在古埃及人的配饰中出现。（图 1–12）

图 1–12 图坦卡蒙法老墓室出土的黄金领圈

古埃及人在鞋的穿着上没有性别之分，只有上层阶级的人穿用，普通的埃及人一般都赤足。出门时，人们小心地把鞋收进包袱，到达目的地的时候才拿出来穿。用皮条编织成的凉鞋很早就在古埃及出现：鞋带穿过大脚趾与二脚趾之间空隙，与另一根越过脚弓的带子相接。它使双脚不被沙漠的热沙烫伤，同时又让脚保持通风和凉快。神职人员的凉鞋用纸莎草编成。这种鞋也是木乃伊“服饰”的一部分，人们认为死者的灵魂再生后将依靠它行走。（图 1–13）

图 1–13 古埃及希沙克二世（Shoshenq II）墓室出土的黄金拖鞋

古埃及人十分重视自己的外表修饰，早在王国时期之前就有了化妆术。最初，人们常用绿色的孔雀石（氧化铜）压碎调以油脂，画在眼睛周围，使眼睛显得又大又明亮。后来这种眼影逐渐被黑色粉末（方铅矿）取代。除眼影外，古埃及人还使用红褐石（铁矿石衍生物）加上油脂或树脂作为腮红或唇彩，用一种名为散沫花的红褚色染料来染头发和指甲。使用各类化妆粉的方法，先把水或油盛在化妆匙里，蘸湿手指或小棍，然后再到装眼影粉的器皿里蘸化妆粉往脸上拍打涂抹。盛化妆品的器皿和化妆用具常用玻璃、象牙或雪花石制成，外观奇巧，本身就是美的象征。如现存巴黎卢浮宫博物馆的古埃及第18王朝的化妆匙，用优质木头和象牙精心雕刻而成，外形为一位呈游泳状的姑娘，戴着硕大的耳坠和项链，手捧一个桃仁形的盒子，十分雅致。（图1-14）

图1-14 帮主人化节日盛装的奴隶，底比斯出土，图坦莫斯四世（Thutmose IV）的书记官和祭司——纳赫特（Nakht）的墓室壁画

[小资料]

与宗教相关的服饰

古埃及文化中，神是必不可少的重要角色。通常众神的着装与凡人相同，但带有神的标志或在头部有不同的装束；法老在古埃及艺术中也常常被人们神化。新王国时代壁画中我们看到，女神穿着老式的筒形连身衣，而旁边站着的凡人却身穿当时流行的褶皱贯头衣。有人认为这种手法是为了强调众神永恒之意。

作为古埃及重要的神职人员，祭司的服装与普通埃及人区别不大，但是每隔三天必须清理一次毛发，剃光包括头发、眉毛在内的毛发，以避免沾染虱子或其他不洁的东西对神不敬。法老的专属祭司在代表法老进行某些祭祀仪式时，豹皮是必需的饰品，披在右肩上，豹头向下垂至腰带处。法老作为神的第一侍者，在某些场合也会披豹皮。

[小资料]

艺术与生活中的古埃及服饰

各类出土文物是我们了解古埃及服饰文化的主要途径，但我们不能武断地认为我们看到的就是当时的服装。一方面，有些服装作为生活装已经消失，但作为特殊场合着装仍然存在；另一方面，古埃及对墓葬的艺术创造有宗教层面上的严格的限制，艺术家并不一定追求对事实的精准描绘。以下有两点说明。

第一，关于贴体服装。我们常在壁画中看到十分贴体的人物着装形态，有的甚至包裹出清晰的肌肉曲线。现有研究证实，古埃及并没有发明类似现代针织布的弹性面料，实际生活中使用的是没有弹性的织物，这种织物做的服装如果按艺术家描绘的那种贴体程度，着装者几乎难以迈步。因此我们只能假设，像侧面正身律等艺术法则一样，这种合体的描绘手法也是古埃及画师们的艺术语言，事实的生活着装应该更为宽松，更适合人体活动。

第二，关于出土实物、壁画、实际生活三者的偏差。例一：图坦卡蒙（Tutankhamen）法老墓室中发掘的大批服饰品，与其墓室壁画上描绘的人物着装差别很大。学者推测，这些服饰品可能专用于礼仪场合，可能仅用于墓葬，也有可能是国王的专属服饰，但并无足够证据表明它们就是法老生前穿着的物品。例二：在古希腊和古罗马统治时代的法老墓室中，壁画和雕塑中描绘的法老穿着仍然像古王国时代一样，但据史实记载，这个时期的统治者其实已经改穿古希腊、古罗马样式服装了。

总之，种种原因使得我们即使获得再丰富的实物资料，也无法真正全面地了解古人真实的着装状态。从这个角度来说，服装史的研究也可以说是一门“遗憾的艺术”。

古埃及纺织面料与纹样

从考古发掘中发现，亚麻是古埃及人使用最多的服装纺织品。棉布和丝绸的使用则是在古希腊、古罗马统治之后的事情了。毛织物被古埃及人认为“不洁”，因此，在神圣庄重的场合，如圣殿中、举行葬礼的时候禁止使用，神职人员也不穿用毛织物。公元前5世纪前后，古希腊历史学家希罗多德（Herodotus）在他旅行埃及的笔记中提到，亚麻在古埃及人生活中不可替代，羊毛织物在古埃及仅作为外套等使用。

古埃及人有将面料染色的习惯，但是从大量绘画作品中我们看到，亚麻织物都以其天然的本白色或者稍加处理的漂白色呈现，金色等其他颜色只用于衣服的缘饰或腰带、头巾、首饰等服饰品上。白色被视为圣洁的颜色，这也是亚麻织物在古埃及盛行不衰的原因之一。

古埃及纺织技术的提高，得益于图坦摩斯三世（Tuthmosis III，第18王朝）的征战，许多外国织工来古埃及定居，“叙利亚人”几乎成为“织工”的代名词。织物生产的进步以及与之相关的亚洲风格的引入，引起了古埃及服饰风格一定程度的变革。我们可以通过图坦摩斯三世墓葬中出土的纺织品欣赏到这一变化。

在发掘图坦卡蒙（Tutankhamen，第 18 王朝后期）国王墓葬的时候，出土了纵向纱支高达 160 纱支，横向纱支高达 120 纱支的精细面料，而即使是 19 世纪和 20 世纪最精细的半透明薄纱，通常也不过纵向 150 纱支、横向 100 纱支而已。此外，在这个年轻国王的墓穴里，还出土了串珠长袍、机织图案、刺绣、贴布绣等多种工艺品，可见当时面料装饰技术之丰富。

古埃及纺织品的纹样大致可分为几何纹、植物纹、动物纹和其他有宗教象征意义的纹样。几何纹包括：纵向或横向交错的条纹、四角形、菱形、波浪形、圆点纹、串珠纹以及这些纹样的组合形态。植物纹包括莲花纹、菊花纹、纸莎草纹以及它们的各种变体纹样。动物纹有鸭、豹头、甲虫等。以上纹样中，纸莎草是象征生命的护身符，常常作为笏拿在手里。钩形的笏象征最高权力，鞭状的笏则象征着统治，是奥赛列司神（Osiris，古埃及主神之一，地狱判官）和国王的专属纹样。甲虫象征太阳神与再生。此外，古埃及常见的有宗教象征意义的纹样还有太阳、翼等。圆盘形的太阳象征着永远，有时与翼形纹样一起使用。

四、两河流域地理和历史背景

位于地中海东部的中东文化起源于由幼发拉底河（Euphrates）和底格里斯河（Tigris）形成的地域，被称为“美索不达米亚”（Mesopotamia），意为“两河之间”，因此，人们又称这一地区为“两河流域”。两河流域上游是石灰高地，中下游是冲积平原，周边地域辽阔，是连接欧亚大陆的重要“桥梁”。冲积平原形成的肥沃土壤哺育了繁荣而丰富的古代文明，也成为外来移民的理想之地。

受地理环境影响，美索不达米亚数千年古代文明发展史中，贯穿了无数大大小小的战争、洪水和掠夺，不同的文明在此地交错地兴盛、衰败和重建，其中最重要的有苏美尔、阿卡德、巴比伦和亚述。

约公元前 3500 年，苏美尔人（Sumerians）在冲积平原南部建立起早期文明。约公元前 2334 年，冲积平原北部的萨尔贡一世（Sargon Ⅰ）创立阿卡德（Akkad）王朝（B.C.2334–B.C.2279），建立了两河流域历史上第一个统一集权制国家。

约公元前1894年，巴比伦王国建立。国王汉谟拉比(Hammurabi,B.C.1792–B.C.1750)统一了整个两河流域地区，著名的汉谟拉比法典就诞生在这个时期。

公元前 1000 年，巴比伦被来自两河流域上游的亚述（Assyria）军队征服。曾经是巴比伦附属国的亚述，传说被战神庇护，发展出前所未有的强大作战军队，称霸西亚。到公元前 612 年，新巴比伦王国建立，国王尼布甲尼撒二世（Nebuchadnezzar Ⅱ）将新巴比伦建成了当时最繁华壮丽的城市，世界七大奇迹之一的“巴比伦空中花园”就建成于这个时期。公元前 539 年，波斯人崛起，新巴比伦王国祭司打开大门放波斯军队入城，因此新巴比伦王国不战而亡。

五、两河流域的宗教、艺术与社会结构

两河文明的宗教信仰深受自然环境的影响，对每年洪水泛滥的恐惧，因为没有天然屏障阻挡导致的外族频繁入侵，使人们的精神生活蒙上一层悲观的阴影。许多无法控制的力量，锻造出原始的宗教思想，成为人们对心灵进行安顿与救赎不可或缺的力量。后世的基督教、伊斯兰教这两大世界性的宗教，都起源于两河流域。

宗教在社会生活中发挥了主要作用，也对艺术产生了深远影响，两河流域的艺术是这一地域的部族相继创造的结果，具有多重性格，不像古埃及艺术那样相对统一。

基于早期苏美尔人建立的社会标准，人被划分为贵族、自由民和奴隶三个等级。自由民由艺术家、商人、少量的政府官员、工匠和农民组成。奴隶一般是外国俘虏或奴隶之子，也有自由民的妻子或孩子因为偿还家庭债务而被卖为奴隶。早期苏美尔时期奴隶的数量较少，到了巴比伦时期，由于劳动力需求的增长使奴隶人数剧增。

女人在两河流域的家庭结构中处于从属地位，婚姻往往是维持家庭经济联系的契约。在这种情况下，男人在有一位正房妻子的同时，还可以有数个小妾。从考古发掘中看到，与古埃及完全不同的是，除了女神或女王外，出现在画面上的一般只有男性，由此也可以看出女子在两河流域地区地位较男子低。

六、两河流域服饰

在两河流域地区，不断迁徙或战争的历史对服装产生了重要影响，在当时的情况下，很难对衣服的持续性寄予过高期望。这里，各民族生息变迁，十分热闹，服饰文化就如其民族更迭的历史一样复杂多变，因此具有多重风格，时而新风格取代旧风格，时而两者并存并相互影响，无法像古埃及那样归纳统一。

两河流域多变的气候条件不适宜墓葬的长期保存，加上中东地区民族除了王室成员外都要裸身下葬以免着装亵渎神灵的习俗以及不重陪葬的宗教特点，使得这一地区的墓葬中几乎没有织物出土，其他文物也有限。而由于两河流域的女子地位低下等原因，使女子的服装资料更是寥寥无几。因此，我们只能根据现有材料，如，残留的古代壁画，两河流域出土的各种类型的印章（上面常常有神话场景的雕刻或描绘），一些圣坛前用于替代祭拜者本人长期在神前供奉的小型祭拜者雕像，墓葬的考古挖掘等，

来获得对两河流域人们的着装的基本印象。

在季节分明的气候条件和外来民族的双重影响下，两河流域地区的服装呈现出双重特性：一方面为传统的披挂式，另一方面出现了裁剪和缝制的服装。这两类服装相互影响，同时融合周边民族服饰文化特征，形成了全新的服饰风格。

为了阐述方便，我们将两河流域的服饰历史归纳为三个历史阶段：苏美尔时期（B.C.3500—B.C.2500）；古巴比伦时期（B.C.2500—B.C.1000）；亚述时期（B.C.1000—B.C.600）。虽然这三个时期各有其鲜明的特点，但我们还是能看到文明与文明之间有趣的传承和相互影响。

苏美尔服饰（B.C.3500—B.C.2500）

苏美尔裙 (Kaunakes)

早期苏美尔人无论男女都穿着裙子，夏天赤裸上身，穿较薄的裙子，冬天则穿厚重而温暖的裙子。裙子一般用天然的动物皮毛经缝合后围裹，再用腰带系扎而成，羊皮上的毛被梳理成绺状作表面装饰。普通人的裙长至膝，贵族阶级的裙长可至脚踝。随着纺织工艺的发展，羊皮逐渐被毛织物取代。由于羊毛表面绺状的装饰效果深受人们喜爱，苏美尔人仿造该效果创造了名为“卡吾那凯斯（Kaunakes）”的羊毛流苏面料。这种卡吾那凯斯的特殊面料是苏美尔特有的纺织材料，常被用来做裙子，因此也有学者直接称这种面料做成的裙子为卡吾那凯斯（kaunakes），即“苏美尔裙”。下身穿苏美尔裙的男性形象经常出现在苏美尔时期的雕塑和壁画中，而裙子上绺状效果的多少，成为区别人们等级地位高低的标志。（图 1—15）

披肩 (Shawl)

披肩是最基本的上衣款式，由一块带流苏的方形面料制成，比古埃及的披肩小，早期的披肩和裙子一样用皮毛制作，后来开始使用纺织材料。无论男女，着披肩时都露出右肩以方便活动。富裕阶层面料更加精致昂贵，且色彩更为鲜艳。

斗篷 (Cloak)

冬天用于防寒的款式，包裹身体，长至脚踝。女子将斗篷用金属别针在左肩固定，而男子则在右肩固定，也有胸前固定的方式。（图 1—16）

图 1–15 穿苏美尔裙的苏美尔人，公元前 3000 年

图 1–16 3000 年前乌尔（Ur）的皇族马赛克画细节，显示出当时普通农民和士兵的着装，男人通常穿小牛皮及膝裙和斗篷

图 1-17 马里城（Mari）供奉古巴比伦女神伊师塔（Ishtar）的神庙监管人，巴黎卢浮宫藏

发型、头盔、配饰与鞋子

早期的苏美尔男人喜欢剃光头发和胡须，后来受闪米特人(Semites)影响，男子也开始留长发、蓄络腮胡须，在额头上绑发带，其余头发向后披散或者挽成发髻，必要的时候还戴假发。女子留长发，发型种类较多，最常见的方式是将长发编成辫子在脑后盘成发髻。

头盔一般由青铜制成，有护耳和护颈，是士兵战斗时戴的护具。在苏美尔时期的考古发掘中，曾有黄金头盔出土。由于纯金的硬度很低，可以推断该头盔是贵族的祭祀之物，并无实际用途。苏美尔历史上还出现过装饰有硕大犄角的头盔，是神的象征。

苏美尔人金属工艺早在公元前 3000 年就已经达到相当高的水平，考古发掘中镶嵌有宝石的黄金项链、手镯、胸针、耳环、头饰和项圈都有出现。

与古埃及人一样，苏美尔人通常赤足。我们从苏美尔人墓葬出土中发现过凉鞋的黏土模型，出土的印章也有过相关图案的描绘。这种凉鞋一般为国王在重要祭祀场合时穿着，可能从高原山区民族流传而来。

古巴比伦服饰（B.C.2500–B.C.1000）

古巴比伦服饰在很大程度上继承了苏美尔人披挂式的着装特点，并且在外来民族的影响下，出现了裁剪和缝制的衣服，两者相结合，形成了形式简单，既美观又方便，且能满足气候条件需求的古巴比伦服装风格。最常见的款式有裙子、连身衣、披肩和斗篷，男装与女装区别不大。

苏美尔裙(Kaunakes)

古巴比伦人与苏美尔人的裙子穿着方式类似，多在夏天穿用。苏美尔裙在古巴比伦时期仍然流行。（图 1–17）

丘尼克连身衣 (Tunic)

与古埃及人的丘尼克连身衣类似，长及脚踝，短袖，套头穿，需要裁剪和缝制。与披挂式服装相比，连身衣更为合体，保暖效果也更好。有学者认为这很有可能是山区民族用以适应气候的发明。冬天寒冷的时候，人们还会将两件连身衣重叠穿，以达到御寒的效果。妇女穿连身衣的时候通常在腰部系腰带。这一款式的服装在中东地区至今还存在。（图1–18）

披肩 (Shawl)

从存世的雕塑中看到，古巴比伦时期的披肩沿袭苏美尔人的披肩形式，但更为华丽，流苏也更为精美。通常披在连身衣外面，佩戴方式也多种多样。最常见的方式是绕左肩向后，再绕过右腋下，在前胸系扎，露出右肩使右臂不受衣物阻挡。也有包裹住两边肩膀，几乎遮盖整个胸部的穿着方式。官员通常将披肩折叠，围裹在腰部，再系扎腰带，看上去像围了一条带流苏的围裙。流苏越长，代表官衔越高。古巴比伦后期，随着人们财富的增长，披肩上的图案、刺绣装饰也变得越来越丰富。（图1–19）

斗篷 (Cloak)

与苏美尔时期不同，古巴比伦时期斗篷的穿着方式更像佛教僧人穿的袈裟，或像古希腊时期的希玛纯包缠式外衣(Himation)。这种斗篷面积庞大，通过缠绕和披挂包裹身体，从现有考古发掘来看，应该是国王或神祇的专属服装。

图1–18

图1–19

图1–18 古巴比伦萨尔贡国王（King Sargon）的两位官员随从，穿丘尼克连身衣，围裹流苏披肩，霍尔萨巴德古城（Khorsabad）浮雕，约公元前7世纪
图1–19 古巴比伦雕像，披长及脚踝的披肩，包裹住左肩，裸露右肩

发式、配饰与鞋帽

古巴比伦人对头发十分重视，无论男女都留卷曲的长发，头部装饰金属或织物制成的发带。男子通常将嘴唇上的胡须剃光，下巴上的胡须精心修剪成方形，并刻意烫卷曲与发型相配。女子用香油护理头发并将头发染黑，编成发辫并盘成发髻，用发带和别针固定，并用发网、围巾或头巾遮盖头部。

富裕阶层常用珠宝、黄金、银饰做成发饰装饰头发。据考古发现，与古埃及习俗相似，贵族阶层也会在头发内放置香料盒，使头发随着慢慢融化的香料散发出迷人的香味。

古巴比伦人的帽子像一个倒扣的花盆，由毛毡制成。此外还有神或者国王专属的圆筒形王冠，王冠顶部装饰一圈短羽毛。普通的古巴比伦人通常光脚，贵族阶层穿鞋。鞋子不分性别，一般由面料或质地较软的皮革制成。

古巴比伦人配饰一般为由数个金属环组成的、紧贴颈部的项圈。材料有深蓝色青金石、红玛瑙、白雪花石和矿石晶体等等。

亚述服饰（B.C.1000–B.C.600）

丰富而华丽的面料装饰和流苏是亚述服饰的两大特点。从存世的雕塑、浅浮雕和彩釉砖画上，我们能清晰地看到亚述服饰丰富的刺绣和表面装饰肌理。为了完整地表现覆盖整个面料的图案和表面装饰，亚述时代的艺术家甚至有意忽略了服装褶皱，因此我们看到的这个时期的人物雕塑，着装大都十分平整（图 1–20）。至于流苏，由于可以被染成多种颜色，装饰在衣服的边缘，甚至层层叠叠极富装饰效果地覆盖整件衣服，因此常有贵族在披肩上采用独特的流苏装饰，而不是黏土板做的印章，来彰显自己的身份。

图 1–20 亚述人基本着装，短袖及踝连身衣，精美的刺绣面料

根据存世雕塑我们能想象到亚述服饰丰富的色彩，但是这一时期真实的色彩，我们只能从陶瓷器皿和彩釉砖画中窥见一斑：绿色衣物有红色和黄色条纹交替的镶边，各种明度的红色使用十分广泛，也有蓝色、褐色、深紫色和蓝紫色的服装。

在苏美尔和古巴比伦时期，虽然女子地位较男子低下，但巴比伦法典曾经设立条款允许女性出庭作证，并保护寡妇的经济权益。到亚述时期，女人的这些基本权利也被剥夺，而留存的亚述艺术品或出土文物中，除了女神和女祭司外，涉及女性的资料少之又少。所以亚述时期的女性着装的史料甚少。

亚述人继承了古巴比伦人的服装样式，但更为紧身合体，连身衣和披肩仍是这一时期主要的服装款式，羊毛织物仍然是最为重要的面料，贵族阶级也有人穿精织的亚麻布，据说在亚述王塞纳克瑞布（Sennacherib）时期，从印度引进了棉布。

丘尼克连身衣（Tunic）

普通男子的丘尼克连身衣长度及膝，系腰带，腰带上有代表阶级的装饰；士兵腰带上佩有武器；普通女子的丘尼克连身衣袖子比男式的长；皇族的连身衣长度至脚踝。早年的许多服饰形式相似，变化不大，所以丘尼克连身衣在相当长的时间里流行。（图 1–21）

披肩（Shawl）

与巴比伦着装方式相同，亚述人也在丘尼克连身衣外披流苏披肩。这一时期的披肩较巴比伦时期窄，披裹方式也更为多样，以水平、竖直或者对角线方式从肩部缠绕至接近脚踝处，然后用腰带固定。由于不利于行动，因此有学者推测这种着装方式只限于特别重要的场合，即使是皇室成员，日常的着装也应该会比这种方式简单。富裕阶层的披肩常布满刺绣，并装饰有黄金和贵重宝石珠粒。（图 1–22）

面纱（Headpiece）

亚述于公元前 1200 年颁布法律，强制自由妇女和已婚妇女外出时戴面纱。面纱被视为已婚妇女的重要标志，奴隶和妓女是不允许戴的，而妾女只有在陪伴正房夫人出行的时候才允许佩戴。中东地区人们坚持这一习俗至今，可算是已知最早的载入典故的传统了。虽然如今面纱不再是婚姻状态或佩戴者身份的标志，但是我们能从中看出这一习俗在中东地区历史的悠长久远。

图 1–21

图 1–22

图 1–21 亚述时期神话雕像，带翼的神。雕像穿着短款丘尼克连身衣，披流苏披肩，穿着的楔形后跟凉鞋、臂环、项链、耳环、发带，以及精心打理过的卷发和胡须，都带有典型亚述风格

图 1–22 国王亚述巴尼拔二世（Ashurbanipal Ⅱ），尼姆鲁德（Nimrud，亚述城市）出土，B.C.883–B.C.859，伦敦大英博物馆藏

发式、配饰与鞋帽

亚述男人必须留络腮胡子和唇须，留卷曲长发，女人则仍然是长发，编成辫子盘在头上。但是对一些特殊人群，如牧师、医生、奴隶等，则有各自不同的发型和头饰要求。

与亚述时期丰富的流苏装饰相适应，国王的帽子造型与巴比伦时期类似，但在后面常拖着一条长长的流苏，一直垂至腰部。亚述人最为神圣的头饰是带犄角王冠，装饰有羽毛和棕榈树叶，应该是由苏美尔人所崇拜的带犄角的神的头盔演变而来。

这一时期，除了常规的凉鞋外，还有带后跟的凉鞋和由山地民族引入的不露脚趾的鞋、靴子等款式。

亚述人喜爱贵重珠宝，因此配饰常由黄金、白银或贵重珠宝制成。考古出土有硕大的长耳环或核桃形耳环，装饰女子发辫用的金属制花朵，由护符图案组成的项链，宽阔的花朵纹样臂环等等。

两河流域服装面料

羊毛作为两河流域最为重要的服装面料，不仅供本地消费，而且远销其他国家和地区。早期苏美尔人穿着直接用皮毛围裹而成的服装，后来织造技术发展，苏美尔人以绵羊和山羊毛作原材料，开始了毛织物的织造史。人们日常使用的服装、挂毯、窗帘都由羊毛制成。毛织物的织造技术和装饰技法相当复杂，一个织工从学徒到出师长达五年，远远高出其他工匠的学徒时间。织造技术发展到古巴比伦时期，面料品类变得十分丰富，织花和刺绣面料广泛流行，末期还出现了织进金银线的豪华织物。到亚述时代，织物变得更加精致，人们常常在面料表面装饰金银或宝石，极尽奢华。同时，皮革也是亚述人大量使用的一种材料。

从苏美尔时期开始，流苏装饰就成为两河流域最为独特的传统服饰，源远流长。而在两河流域历史上使用过的面料中，出现在公元前2500年前后的一种叫卡吾那凯斯（kaunakes）的流苏面料最具特色，这种面料模仿带毛的羊皮，外形厚重且极富肌理感，看上去像重叠的花瓣或羽毛，常常出现在雕像或壁画的人物着装中。由于这种面料至今无实物出土，因此引发许多猜测，有学者认为这种肌理效果是将羊毛成束地扎到织物上形成的，也有人认为是织造过程中利用纬线松散的线圈形成的效果。卡吾那凯斯也成为苏美尔裙的特殊形象，一度十分流行，到亚述后期成为女神、女祭司或者众神的服饰象征，使用范围渐趋局限。据悉，至今在小亚细亚和品都斯（Pindus）山区，这一特殊面料仍有人制作和使用。

亚麻的使用在两河流域的古籍中有提及，考古发掘中也有亚麻织物残片出土，但远不如古埃及精细，其重要程度也远不及羊毛。

[阅读资料]

A Summary of Egyptian and Mesopotamian Costume

Mesopotamian costume, too, continued to utilize one fiber to a considerable extent: wool, which made a fabric of greater bulk and warmth than linen. (In the later periods, both cotton and linen seem also to have been added to the materials from which Mesopotamians made their clothes.) Throughout their history the Mesopotamians also retained a consistent approach to clothing. Mesopotamian clothing was designed not to compliment the body, but to cover it. The early Kaunakes skirts and full-length garments, the draped styles of the later Babylonians, and the shawls that wrapped the Assyrian kings covered the body with layers of fabric that obscured its natural lines. Such differences have been attributed not only to geographical difference between the two countries, but also to differences in standards of taste. Leix pointed out that Egyptians loved clarity of form in life and in art, while the Babylonians loved pomp and luxury. This latter preference is reflected in the heavy fabrics, rich patterns, and elaborate fringes of Mesopotamian styles. Furthermore, moral reasons, possibly expressed as different views of modesty in dress, may also have influenced styles. Mesopotamian religions show a greater pre-occupation with ethical problems than do those of Egypt.

The decline of the Assyrian civilization did not totally obliterate all traces of Mesopotamian costume. At least one element of dress persisted in the region and, eventually, found its way into other parts of the world. The high crowned head dress worn by Assyrian kings was adopted by the Persians. From its use in Persia it eventually found its way into the costume of the Eastern Orthodox Christian priests.

Certain other aspects of Mesopotamian costume utilized not only by the Sumerian, Babylonian, or Assyrian peoples, but also more generally throughout the Near East have survived into more recent times. The practice of women to wear a veil outside of the home is one example. It has also been suggested (although it cannot be documented) that the kaunakes fabric in the form of a garment worn by shepherds and other rustic peoples may have come into European art to symbolize people from little known or distant lands of the Middle East.

Egyptian costume did not long survive the Greek and Roman domination of Egypt, although it was used for the formal portraits of the last Pharaohs and Queen Cleopatra, instead the Egyptians adopted first Greek, then Roman styles…

[摘译]

古埃及两河流域服装综述

美索不达米亚平原的服饰则一直采用温暖、厚实的毛料（棉和亚麻织物以后也有使用）。与古埃及一样，两河流域也遵循自身的着装规则——遮盖身体，这一规则形成了两河流域与古埃及在服饰审美上除了地理因素之外的重大差别。其风格主要表现在面料、图案和刺绣边饰上。此外，伦理道德观念不同而导致的着装理念不同，也是形成古埃及和两河流域不同着装风格的重要原因。亚述文明的衰退并没有使美索不达米亚服饰消亡，一些着装要素在这个地区存留，甚至以某种方式流传到其他地方，美索不达米亚很多服饰风俗普及至近东地区并存留至今。而在古埃及末期，古埃及人的着装先后被古希腊和古罗马服饰所取代，古埃及服饰文化也随之逐渐消亡……

–Phyllis Tortora, Keith Eubank.***A Survey of Historic Costume.*** New York: Fairchild Publications, 1989, 26

七、古埃及与两河流域文明之差异

有学者认为，两河流域与古埃及文明最大的区别是“动”与“静”的区别，其原因固然很多，但形成这一区别的最重要原因是地域环境。

在地域环境上，两河流域北面是连接欧亚大陆的大陆桥，东面越过扎格罗斯山脉与伊朗高原相连，远可及印度，可谓“气脉贯通”。古埃及地处非洲东北角，东临红海，南部激流险滩阻挡，西部是广袤沙漠和高山，北临地中海，这些天然屏障使古埃及有效避免外族侵犯的同时，使其与外界的往来也变得困难。

因此，当两个地区同样盛行与外界通商，通过原材料交换来获得本地区稀缺物品的时候，两河流域与外界往来频繁，受异域文化影响的机会较多，而古埃及与外界的来往显然困难得多，外族文化对其的影响程度在古埃及文明史上显得微乎其微，这也是古埃及文明近 3000 年来变化极其缓慢，而两河流域文明则呈现多样性发展的原因之一。

其二，两河流域地形复杂多样，南部有平原、沼泽、沙漠，北部有丘陵和高地。不同的地形环境适合不同生产方式。例如，有些地区适合农耕，而有些地区适合畜牧业发展。不同农作物有不同的种植技术，需要掌握不同的知识，安排不同的投入，并且以不同的方式来组织生产，生活的多样性由此产生。

相对而言，古埃及人更为幸运，尼罗河水的定期泛滥带来丰富的养料，雨水满足了农作物的生长需要，古埃及农民只需年复一年遵循相同的规律播种收割，即可保证古埃及的繁荣，简单实用且收益颇丰，无需变化。

如上所述，地形多样导致气候多变，地形单一则气候相对简单，这一因素也影响到当地居民的服饰。埃及在地理上属于热带沙漠气候，全国一年四季炎热，因此整个古埃及文明的服饰简单统一；两河流域则高纬度山区四季分明，低纬度平原炎热多雨，因此美索不达米亚文明的服饰随地域变化而相对多样。

思考题

1．古埃及宗教与服饰文化有怎样的联系？

2．古埃及的服饰文化特征是什么？

3．亚述的服饰文化特征是什么？

4．古埃及与两河流域服装在款式上有哪些共同点和哪些区别？

第二章
古希腊与古罗马服饰

西方古典文明起源于地中海，它从希腊城邦兴起，遍布地中海，而在罗马帝国时代达到高峰，随后在北方蛮族的入侵下逐渐消退。其服装形态也经历了从古希腊的优美、简朴，无阶层、无男女之分，走向古罗马的作为身份地位象征物的转变过程。必须提及的是前希腊时期的克里特文明，克里特文明遗存的服饰文物展现了公元前2000年的辉煌，但又留下诸多的未解之谜。自公元前800年开始的古希腊文明及以后的古罗马文明，一直被视为西方文明之源，所创造的政治、经济、科学、艺术、哲学、宗教为西方世界留下了璀璨遗产，其服饰理念也蕴涵了对千年后西方社会服饰生活的深刻影响。

一、古希腊与古罗马历史背景

公元前3000－前1200年的爱琴文明被称为前希腊时期，来自希腊南部的迈锡尼人吸收了古代世界最优美最有特色的克里特文明（克里特—迈锡尼文化被称为“爱琴文明”），对希腊半岛产生很大的影响。而陆续从北方迁入的亚该亚人、多利安人、爱奥尼亚人、伊奥利亚人进入希腊诸岛，黑暗时代笼罩了整个希腊。直到约公元前800年诸城邦的兴起，部落社区开始发展为独立的城邦，通过选举和全民公会的选举，古希腊人才开始了人类文明史上第一个形态的民主管理。公元前500－前336年，古希腊政治、经济、文化高度发展，达到鼎盛时期，是希腊的古典时代。以雅典为中心的古希腊文明，以商业为经济之本，以城邦民主制为政治之本，以奴隶为社会之本，而抽象理性的哲学思考、描摹人生的文学艺术、崇拜人格神的宗教信仰，都赋予古希腊人精神世界的自由。公元前366年，从亚历山大大帝征服开始，希腊士兵征服波斯，东进印度，古典希腊文化普及整个中东，开始了希腊化时代。这种希腊和东方文化之间的融合一直持续了数百年，首次打破了历史上东西方各自独立的文化模式。以后，经过几个世纪的内部分裂与纷争，希腊文明终于衰落。

古罗马文化发祥于狭长的意大利半岛，印欧语系部落在公元前1700年就进入了这片气候温和，拥有肥沃平原的土地。公元前1000年罗马还是一片小村庄，直到公元前700年来自小亚细亚的埃特鲁斯坎人在这里建立城市。之后不久，希腊人也在意大利建立了若干殖民地。罗马文化受到埃特鲁斯坎和希腊这两个文明民族的影响，包括占卜、信奉的诸神、宗教观念、习俗、艺术、城邦制度，甚至字母表等等。公元前509年，罗马建立了以执政官为首的共和国政府。罗马人不断征战，先是称霸意大利半岛，随后征服几乎所有的希腊化地区。然而，希腊化文明也折服了罗马人，许多希腊雕塑和绘画被作为战利品带回罗马；希腊哲学家和文学家的智慧、雄辩和上层社会奢侈的生活习惯给罗马贵族留下深刻印象；源于东方的各种宗教在罗马城下层阶级中找到信徒。公元前27年奥古斯都·渥大维建立元首政治，罗马进入帝国时代。随后罗马帝国发展到鼎盛时期，帝国版图不断扩张，地中海成为罗马帝国的内湖，即所谓“我们的海”(Mare Nostrum)。古埃及、古西亚、古希腊等古代文明发祥地尽归罗马帝国的疆域。埃及和北非成为帝国的谷仓；高卢、西班牙生产的葡萄、橄榄和金、银、铁、铅皆为其所用；小亚细亚的纺织品、玻璃制品和染料源源不断输入；中国的丝绸也通过丝绸之路辗转进入罗马。罗马人则把其城市文明扩展到帝国的全部疆土。凯旋门、宫殿、圆形剧场、公共浴池、神庙、公路网，罗马以自身为典范在欧亚大陆创造出一个个令人叹服的城市。公元395年帝国正式分裂为东西两部分，东罗马帝国（即拜占庭帝国）延绵千年至公元1453年；西罗马帝国日趋衰落，在北方“蛮族”日耳曼人的入侵中，于公元476年灭亡。

[阅读资料]

高贵的单纯、静穆的伟大——古希腊的哲学和艺术

古希腊的民主和自由的气氛，引起了后人的无穷遐想。“在自由中孕育出来的全民族的思想方式，犹如健壮的树干上的优良的枝叶一样。正如一个习惯于思考的人，他的心灵在敞开的门廊或在房屋之顶，一定比在低矮的小屋或拥挤不堪的室内，更为崇高和开阔通达。享有自由的希腊人的思想方式当然与在强权统治下生活的民族的观念完全不同。希罗多德引证说，自由乃是雅典城邦繁荣强盛的唯一源泉……”这种人文环境，产生了希腊人在哲学和艺术上的极高成就。

希腊人以自由的精神、批判的眼光、理性的分析探索一切奥秘，“吾爱吾师，吾更爱真理”，希腊人甘愿为维护思想自由而献身。大哲学家德谟克利特说：“我宁肯找到一个因果的解释，也不愿获得一个波斯王位。”希腊人把哲学从神学中解放出来，对世界的本质和结构提出了各种假说，辩证法、唯物主义、理念、无神论……思想家著书立说，办学收徒，自由地讨论哲学问题。

这种哲学上的思考，巧妙地表现在希腊人的艺术上。柏拉图断定，上帝是一位几何学家。毕达哥拉斯惊奇地发现，琴弦的长度与转瞬即逝的音乐音调之间有某种对应、契合关系，他推测数包含着巨大的信息和能量，世界的本质是数。希腊建筑艺术的最高成就——神庙，是神的住所，也是宇宙的精华，应该能够体现数学的规律和几何定律。这是一种理性精神的完美体现，来自一种静态的几何抽象思维：平衡、对称、庄严、有序、宁静。希腊人以辩证的眼光看世界，认为宇宙是一个和谐有机的整体，而作为小宇宙的人体也是一个有机整体， 哪怕是微小的变化，都会在整个人体引起反应。而这种变化所体现出来的和谐就是宇宙之美的根源。希腊人的雕刻艺术可以说是辩证法的艺术。《掷铁饼者》全身肌肉鼓足，两臂如弓背，承受着瞬间爆发的力量，而腰腹部处于收缩状态，腿部弯曲，似乎下一刻即将发出强大的反作用力。它以精心定格的一个瞬间动作，表达了多种力量集聚、对抗、较量的立场。而希腊雕塑所崇尚的理想化脸型——椭圆面容，直鼻梁，平额，弧形眉，扁桃形眼睛，微微鼓起的嘴唇，宁静严肃若有所思的表情，和其千姿百态、充满动感的人体姿态结合成一体。“事实上，在希腊有着两种倾向，一种是热情的、宗教的、神秘的、出世的，另外一种是欢愉的、经验的、理性的，并且是对获得多种多样事实的知识感兴趣的。”希腊雕刻家把这种沉思的精神状态转化到他们伟大的神像中，追求那个超凡脱俗博大精深的精神世界。这种对宁静克制的精神的表现，被温克尔曼概括为“高贵的单纯、静穆的伟大”。古希腊人通过艺术表现深邃的哲学思想，作为西方艺术的传统保留了下来。

——张延风．西方文化艺术巡礼．北京：中国青年出版社，1998，29—57

图 2-1 克里特男子服饰

图 2-2 克里特执蛇女神

二、克里特人服饰

古希腊文明的第一缕曙光，来自爱琴海的克里特岛。克里特人的服装非常独特，创造出和其他古代世界迥异而至今仍令人惊讶的服饰形态。

男子服装很简单，多数上身赤裸，仅在下半身缠绕腰布，但腰布通常下摆有纹样装饰，配以精美腰带（图 2-1）。而女子服装却异常具有现代感，上衣下裙，紧身合体，有着相当高超的裁剪塑形技术。短小的上衣紧贴身形，有立领，而领口开得很大，整个乳房全部裸露在外，衣襟在乳房下系合，托起丰满的双乳（图 2-2）。腰部用有装饰纹样的腰带系扎，勒得很细，下穿一段段摆开的吊钟状裙子，每段都似乎捏有很多褶襞，并且看上去好像内有裙撑，臀部还围着刺绣了精美图案的围裙式小罩裙。这种服装形态在古代非常罕见，其形态的成熟度至今依然让人叹为观止。无论男女，克里特人都喜欢穿戴装饰品，头上戴长长的羽毛或造型独特的帽子，帽子上装饰各类色彩缤纷的羽毛或贵金属，身上也挂满各种项链、手镯和戒指。鞋子只有在外出时才穿，居家为裸足。由于克里特服饰形态未有承继，历史遗存甚少，故迄今人们对克里特的服饰仍存有疑惑与想象。

图 2–3 米诺斯的"巴黎女郎"

图 2–4　简单质朴的古希腊服饰

［小资料］

米诺斯的"巴黎女郎"

19 世纪末，当考古学家在克里特的克诺索斯挖掘出精美的壁画时，人们被米诺斯妇女的华贵惊呆了：贵妇们穿着天蓝色、黄色、红色的衣裙，穿着袒露颈背的绣服，前额和颈项留着迷人卷发，梳着高贵发型的头部在项链和头饰的衬托下，显得雍容华贵。贵妇们姿态优雅地闲谈，观看斗牛，画面洋溢着轻松愉快的气氛。似乎是 19 世纪的法国名媛贵妇带着活泼的神态，沿着时间隧道倒流到 3000 多年前。（图 2–3）

三、古希腊服饰

古希腊充满民主自由、哲学思辨、艺术气质的人文环境，地中海的蔚蓝海水、和煦阳光与徐徐暖风的自然环境，影响并形成了古希腊的服装形态。其服装既没有身份地位的等级之分，也无明显的男女之别，构成简单质朴，但又以其丰富优美的衣褶、独特的自然之美令人迷恋，至今依然有极高的审美价值(图2–4)。面料大多由羊毛织物、亚麻织物制成，既有粗犷厚实的，也有精细柔软的风格。服装基本以一块长方形的布料缠绕身体而成，通过在人体上披挂、缠绕、束扎、别针固定来成型，形成具有优美衣褶的宽松披挂型服装。古希腊的服装款式包括希顿（Chiton）、希玛纯包缠式外衣（Himation）、克拉米斯短斗篷（Chlamys）以及女用斜肩小披风（Diplois）和贯头小披风（Diploidion）。其中希顿贴身穿着，但也是经常穿着的常服；后几款为希腊人外出时经常穿着的外衣。希顿是希腊人最典型的服饰，也是人类服装历史中最原始的形态，即不裁剪不缝合或极少缝合的服装样式。

多利安式希顿 (Doric Chiton)

希顿，古希腊的典型服装，这是在公元前6世纪古希腊的多利安人穿用的束腰外衣，其形式风格与当时的多利安建筑等类似，所以也称多利安式希顿。多利安式希顿简洁潇洒，通常它由一块羊毛织成的长方形布料构成，或是本白色，或染成靛蓝色、藏红色，以后有图案（特别是在公元前5世纪后），布料边上或有条纹装饰。布料的长边约为伸平两臂后两肘之间距离的2倍，短边多长于穿者的高度。穿着的时候，长边上部向外翻折（Overfold），翻折的量随意而定，短边横向平均对折，包住躯干，双臂裸露，宽敞衣料自然垂挂在身上，两边肩部用约10cm的长别针固定，别针款式多样、做工精美。一般对折右侧不缝合（在科林斯湾和阿提卡地区，也在腰线下缝合成筒装），随着人的动作飘拂而起，隐约露出健美的肉体。通过在腰部用绳子以不同方式系扎，形成优美的垂褶。随着时间发展，上身布料向外翻折越来越深，既可下垂形成优美衣褶，也可从后面拉上竖起来包裹头部。（图2–5）

图2–5 穿多利安式希顿的雅典娜浮雕

爱奥尼亚式希顿 (Ionic Chiton)

这是源于腓尼基人的一种样式，后流行于古希腊。在公元前550年到公元前480年，男女均着，至公元前300年间逐渐式微。爱奥尼亚式希顿与多利安式希顿的基本结构同理，在样式上爱奥尼亚希顿更为俏丽。它也是由一块长方形布料构成，是轻薄的羊毛或亚麻织物，类似绉纱一样，或来自小亚细亚科斯的薄纱面料。色彩有白、绿、茶、金、黄等。爱奥尼亚式希顿的长方形布料，长边等于两手平伸时两手腕之间的距离的2倍，短边略多于人的高度（这取决于是长款还是短款，一般女子穿较长款，而男子长短款均穿）。穿着时也是将长方形短边对折，但在面料的上部翻折非常少见，侧缝除留出伸手的一段外，其余全部缝合为筒状；双肩到两臂用安全别针在不同位置固定，形成长长的袖子。后来，袖子改为用扣子固定或者全部缝合。同样，在腰部系以不同形态的绳子，精心安排出优美的褶皱。（图2–6）

图2–6 穿爱奥尼亚式希顿的青铜雕像

以上两种希顿虽然构成简单，但是通过在身上不同部位系上绳子，或随布料上身的翻折长度不同，或肩部别针位置改变，服装可以宽大潇洒、纤细灵活、层次丰富，创造出千变万化的整体着装效果。斯巴达女子经常在高腰和低腰处各系一条带子，既便于活动，也塑造了更加复杂优美的垂褶。它们的最大区别在于爱奥尼亚式希顿形成袖子形态，而多利安式希顿没有袖子形态。虽然两者的流行有先后，但在很多地区是并用的。古希腊人的希顿在人体上的自然衣褶飘逸美妙，留给后人无限美好的遐想，就像古希腊的雕塑一样隽永。

图 2–7 穿希玛纯的人物浮雕

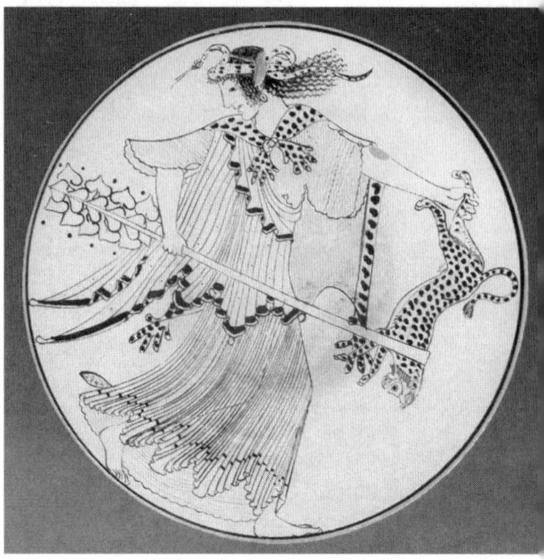

图 2–8 斜肩小披风

希玛纯包缠式外衣（Himation）

这是古希腊男女皆穿的一种包缠型外衣。它是一块长是宽 3 倍的长方形毛织物，颜色多是天然的羊毛色，也有白色、本色、赤褐色、黑色，还可以染成猩红色、深红色或紫色，有时候织有图案并带镶边，或者刺绣着花纹。这种包缠外衣披法很多，最常见的是将布料一头先搭在左臂左肩，从背后绕经右腋下再搭回左肩背后，四角缀有小重物以使衣角自然下垂，而右肩裸露。也有已婚妇女把全身和头手都包裹起来。多利安年纪较大的男性喜欢把这种包缠长袍直接披在裸身上；而雅典人在 B.C.3–B.C.2 世纪也直接在裸身上披挂它；哲学家和学者们出于清高，也以这样的穿着方式为荣。（图 2–7）

克拉米斯斗篷（Chlamys）

这是比希玛纯包缠外衣体量小的长方形羊毛织物斗篷，或曰披风，称为克拉米斯（chlamys）。起源于马其顿或意大利，一般为男性穿在较短的希顿外面，而年轻男子喜欢直接披在身体上。穿着方式简单，把布往身上一披，在右肩或者胸前用别针固定即可。这样便于活动，轻巧实用，既能遮风挡雨又显风度翩翩。许多希腊画瓶上的战士便是如此披挂。

另外有小披风，为斜肩小披风和贯头小披风，一般都穿在希顿外面，都是简单地用别针固定，或在布料中间剪挖一个洞，披挂在身上，形成丰富而优美的波浪褶。（图 2–8）

图 2–9 崇尚自由的古希腊服饰

[链接]

The Greek Attitude Toward Nudity

The Greek attitude toward nudity should be mentioned in this context. Nudity was not acceptable to the Minoans, the Myceneans, or the Hometic Greeks. Tradition records the date at which Greek men began to participate in athletic events in the nude as around 720 B.C. Athletic games in Greece were part of religious ritual. The performing by athletes in the nude therefore had a religious context. Furthermore, the Greek ideal stressed not only perfection of the soul but perfection of the body as well. At about the same time that nudity came into athletics, artists began to make representations of the male nude.

Female nudity did not, however, follow. Except in Sparta women did not participate in athletics nor could they attend the games. Women dancers and acrobats wore, at the minimum, a perizoma and usually also a band covering the breasts. It is only after 400 B.C. when attitudes toward women seem to have become somewhat less restrictive that artists sculpted some of the now-famous nude or partially nude statues of women such as the Venus de Milo, although in earlier periods the ideal of the well-formed female body was clearly visible beneath the softly flowing draperies of the costume.

[摘译]

希腊人对于裸体的态度

裸体，在古希腊人日常生活中是不为接受的，只有在运动场比赛中，男子借裸体炫耀肉体的健美。希腊人相信灵魂和肉体的统一，灵魂的完美也将是肉体上的完美，因而雕刻家借雕塑男子裸体以表现神、英雄或运动员的理想美。女子裸体的表现只有在公元前 4 世纪才没有如此严格，一些著名的雕塑如"米洛斯的维纳斯"出现，但是早期理想的完美女性身体在柔软轻薄的服装褶皱垂褶下，也是清晰可见的。（图 2–9）

–Phyllis Tortora, Keith Eubank.***A Survey of Historic Costume.*** [M].New York, Failrchild Publications,1989,36

发式、配饰、鞋帽

图 2–10 古希腊女子发式

在古希腊初期，男子一般都留着长发，并用发带加以整理装饰。但很快就流行短发，成一簇簇的波浪小卷。青年男子剃须，但年纪较大男子会蓄髭，下巴留着精心修饰过的短胡子。如果一个男子仅有髭而没有胡子，可以判断他应该不是希腊人。在古风时期，女子留着弯曲长发，垂放下来，额头或用带子束扎起来（图 2–10）。但随着时间的流逝，女人长发逐渐扎成各式发髻，用兜帽、方巾、丝网挽成美丽端庄的发式。贵妇人经常用缎带、串珠、花环、发簪以及珠宝装饰发型，显得十分高贵华丽。希腊人头发是黑色的，但喜欢染发，经常染成金黄色。有时候也戴假发套。

男子一般在外出时戴帽子，包括宽檐毡帽（Petasos）、圆锥形毡帽和球形便帽。妇女很少出入公共场合，所以很少戴帽子。

古希腊人喜欢化妆，经常往身上擦橄榄油，并使用大量香水。妇女喜欢佩戴用各种贵重金属制作的首饰，包括耳环、项链、戒指、手镯、臂饰、脚饰、别针、头饰等。特别是头上挽了发髻，佩戴的各种头饰更是丰富多彩。而希顿上使用的别针也是款式多样，打造精致。

古希腊人穿凉鞋，以木或皮革做底，皮条子缠绕在脚腕和脚背上，或者皮革透雕而成，并有各式装饰。也有长及小腿的长筒靴，长靴一般都是士兵打仗或外出旅行者穿用。

衣料与色彩

古希腊的衣料主要有羊毛织物和亚麻织物。希腊半岛的多山地貌很适合羊群放牧，从而可以生产大量羊毛。希腊人也用亚麻，特别是公元前6世纪以后。亚麻也许来自埃及，也可能是来自很多希腊人定居的爱奥尼亚地区。这个时期的衣料色彩不会很多，但有关于衣料鲜艳色泽的记录，例如黄色、靛蓝色、绿色、紫罗兰色、暗红色、暗紫色及其他矿物颜色。图案包括几何形的齿状装饰、圆圈或方形排列成月桂、常春藤的形状。

戏装与盔甲

古希腊人喜欢看戏剧，一到节日就会有大型的公共戏剧供公众观看。国王、王后、男神、女神、喜剧角色、悲剧角色、奴隶都由不同风格的特定服装、标志或颜色以示区分。悲剧演员戴着悲剧面具，戴着高高的假发，脚穿厚跟鞋，引领观众进入特殊的戏剧氛围。

城邦之间的战争经常发生，古希腊战士均穿着盔甲上战场。他们身穿由一片片嵌片编成的皮革胸甲，头戴皮革头盔，脸颊两侧嵌片可以活动，战斗时这些嵌片能够放下来以作保护，腿上穿戴护胫甲，一手持盾牌一手持武器，威武潇洒。

[小资料]

在古希腊，不同地位妇女的服装穿着有所不同。有地位的妇女把希顿作为内衣穿用，但在家里可以做日常穿用；如果外出，或参加宗教节日集会、观看戏剧，或者在仆人的陪同下到市场，一般都要在外面穿戴古希腊式的披风，如包缠式长袍希玛纯或短斗篷克拉米斯，甚至需要戴面纱。但妓女可以自由出入各种公共场合，在酒宴等场合经常穿着短小的跳舞服装，甚至裸体，其袍上也有特别装饰，显然法律要求她们穿着特别装饰的袍子，以便和那些受人尊敬的妇女区分开来。而女仆人则穿着简单的希顿，作为日常穿用服装。

四、古罗马服饰

古罗马文化受伊特鲁里亚人独特民族文化的影响，融汇古埃及、古西亚的东方文化，最后延承了发达的古希腊文化。同样，在服装上也经历了相同的变化：从早期的简单束腰衣，逐渐融入东方宽衣文化，最后主要延续古希腊服装形态，形成了贯头型的束腰内衣和宽敞的缠绕式外衣的基本组合。值得一提的是，古罗马服饰文化的一个重要特征是：服饰成为罗马人身份、地位、性别的象征。服饰的文化象征功能越来越成为人类文明的重要部分，一直延续到现代社会。

[阅读资料]

古罗马——帝国文化

……罗马人当初与希腊人稍有接触，就觉察到自己的文化比较粗野和低俗，希腊文化在许多方面无比地优越和高雅。布匿战争之后，年轻的罗马人怀着艳羡的心情学习希腊语，研读希腊文献，模仿希腊建筑，延聘希腊雕刻家。然而，出身农耕民族的罗马人血管里流的毕竟是农民的血，他们严肃、勤劳、务实，却又粗鄙和顽固。罗马人在马背上和刀光剑影中打天下，每跨一步都踏着领邦领国的鲜血和尸体。他们是铁血武士和征服者：严峻、俭朴、勇敢。他们忠于国家，严守纪律，不怕牺牲，却又僵硬、粗暴，杀戮成性，缺乏浪漫与想象。他们鄙视希腊人的散漫、放荡、多情、自私、狡诈……

既然历史造就罗马人如此独特的品质，那么称霸世界的重任落在他们肩上也就不足为奇了。与罗马人相比，斯巴达人和马其顿人都不能望其项背，罗马人征服一处，巩固一处。修筑四通八达的公路网，就是措施之一。仅在高卢一省，修筑的公路就长达数千公里。罗马帝国本土意大利只有800万人左右，但统治的臣民达1亿以上，帝国疆域跨越欧、亚、非三大洲。辽阔土地上纵横交错的公路网像动脉一样输送着物资、人员、资金和信息，维持着帝国的运转。

……罗马帝国的奴隶制商品经济结构，元首军政独裁和地方自治结合的政治结构，爱国主义精神和依法治国的观念相结合的意识形态结构，相互依存，互为因果，构成支撑罗马帝国的稳定框架。希腊社会的“美”的理想在罗马社会物化为国家机器，浪漫主义的成分消失殆尽，而理想主义则体现为法律和财产关系，体现为一种功利色彩浓重的世俗英雄主义。罗马慷慨悲歌的英雄主义超越希腊化时期狭隘而奢靡的个人自我完善，从而使历史摆脱了痼疾的折磨，获得了新的生机。

……罗马帝国把先哲们的国家理想物化为国家现实，西方文化扎根在更坚实持久的基础上。罗马人建立共和国和帝国，制定法律，确定规范，培育道德。千百年来，西方人以罗马为榜样，从事政治活动，以罗马人为导师立德修身。如果说文艺复兴的旗手以希腊思想武装头脑，那么法国大革命的英雄就是以罗马共和国为楷模建立国家。罗马没有堪与希腊媲美的思想家、艺术家、文学家、科学家，但是罗马培养出杰出了的统帅、军人、政治家、战略家、法律家、工程师、设计师。罗马人是实用技术的发明家和普及者。罗马创造出伟大的物质文明。没有古希腊就没有西方现代文明，没有古罗马也不会有西方现代文明。

——张延风．西方文化艺术巡礼．北京：中国青年出版社，1998,58—60

男子服装

托加（Toga）

古罗马男子市民主要代表服装是托加。托加为外衣，亦即宽松外袍，穿在束腰内衣外面，一般为白色毛织物，铺开平面形状为椭圆形，面积大小不一，最庞大的托加长约5米或6米，宽2米左右，以长轴对折后，经左肩至右腋下松松地多次回绕，形成宽松复杂的衣褶。托加是古罗马人的身份象征，只有拥有古罗马市民权的人才可以穿用，并且通过穿着形态、装饰方式、颜色等，区别穿用者所属及其社会地位。越是位贵权重的人穿用的托加越庞大，一般人的托加多是一块半圆形的布料。（图2–11、图2–12）

图2–11　古罗马托加袍最长达6米，被认为是世界上最大的衣服

[链接]

托加（Toga）的历史与种类

托加产生于公元前6世纪前后，随着古罗马阶级社会秩序的逐渐发展，在不同时期有不同的形态。可以说，托加的发展，映射了古罗马一步步发展为古代最有秩序的阶级社会的历程。在初期王政时期，托加还只是有希腊的短斗篷（chalamys）大小，并且男女均穿用。到了共和制时代，托加成为男子的专用服装，形状接近圆形。到了帝政时期，托加发展形成长达6米，宽2米的椭圆形，并且作为一种礼仪服使用。这种可称为世界上最大的服装，托加成为上流社会的专用品。后来，随着国力衰落，托加也逐渐变得窄小，帝政末期的托加几乎小到失去原有的特色。到了拜占庭时期，托加演化为一条宽15–20厘米的带状装饰物（被称为Lorum）。

图2–12 穿托加和披风的古罗马男子

托加被赋予社会性的象征意义之后，逐渐分化出许多种类，以不同的颜色、装饰纹样、用料来表明各社会阶层的身份地位和职业。

Toga praetexta: 紫色条状缘饰的白色托加，是司政官、领事、检察官等官员的制服。

Toga trabea: 礼用托加，紫色的托加是敬神时祭官或皇帝穿用；白与紫相配的是共和政体的官员穿用；紫与深红色条纹相配的是占卜师的礼服。

Toga picta: 指凯旋的将军或者皇帝才能穿用的紫色托加，绣有金色纹样。

Toga palmate: 指绣有金线棕榈枝叶纹样的紫色托加，最初是专门为了打了胜仗凯旋的将军作为特别礼仪服穿用，后来被作为皇帝在宫廷的官服使用。

Toga candida: 专指官吏候补者穿用的经过漂白处理的白色托加，因此也被称为候选者托加。

Toga virilis: 一般男性市民穿用的无任何装饰的普通托加。

Toga pulla: 染成暗灰色、深棕色或黑色的丧服用托加。（图2–13）

图2–13 托加展开图

图 2-14 丘尼克连身衣

丘尼克连身衣 (Tunic)

丘尼克连身衣，是一种罗马式的束腰贯头衣、及膝外套。它起源于伊特鲁里亚人，原是日常穿用的服装，但随着希腊服饰文化的影响，在其外面男子披裹上托加，女子披裹上斯托拉－希顿（Stola）或帕拉包缠式外衣（Palla）等外衣，丘尼克连身衣逐渐作为专门的内衣穿用。丘尼克连身衣的构成很简单，用前后两片织物，剪出伸头的领口和可伸出两臂的袖口，在两侧和肩上缝合，袖长及肘，衣长或及膝或及踝，以腰带在腰间一束即可。随着时间的发展至帝政时代，托加发展得过于庞大，日常穿用极不方便，这种连身衣开始被叠加穿用，套在最外面的逐渐成为平常外衣。（图 2-14）

图 2-15 男子披风

拉塞纳披风（Lacerna）

随着古罗马版图向北扩张，一种源自西欧古尔（Gaul）地区本地居民的防寒用披风被吸收过来，称为拉塞纳披风。这是古罗马人喜着的半圆及膝的一种斗篷式披风。拉塞纳披风一般为毛织物，有紫、红等各种颜色，下摆呈半圆形，衣长略长于腰际线，一般披在连身衣或盔甲外面，在右肩或者前胸用别针固定，上流社会的权贵们经常用镶有宝石的别针（图 2-15）。后来，逐渐发展出带有风帽的库库鲁斯披风（Cucullus）和佩努拉外套（Paenula）。

女子服装

斯托拉－希顿（Stola）

古代罗马男女服装较少有性别差异，且早年的生产力水平低下，服装的品类不会很多，有些服饰仅在于称谓的不同。古罗马女子服装几乎完全模仿了古希腊女子服装，只不过在色彩和面料上更为丰富一些。所谓斯托拉-希顿，是古罗马女子的腰带长外套，样式类似爱奥尼亚式希顿。一块面料对折，在肩臂处用安全别针固定，返折下来部分通过腰带的系扎形成优美的垂褶。罗马女子喜欢用红、紫、黄、蓝等颜色，面料有毛织物、亚麻织物和棉织物，上流社会还用通过丝绸之路进口的中国丝绸，有的还用金线刺绣各类装饰纹样。（图 2-16）

图 2–16 古罗马女子服饰

图 2–17 内穿斯托拉–希顿，外缠帕拉的女子

帕拉包缠式外衣（Palla）

帕拉包缠式外衣和希腊人的希玛纯包缠式长袍相同，都是一块长方形的织物，通过缠绕在内衣或者斯托拉希顿外面，也可以拉到头上当包头或者面纱，是一种包缠型外衣。斯托拉希顿和包缠外衣主要是已婚女子或者有罗马市民权的女子穿用，下层女子一般只穿用丘尼克连身衣。（图 2–17）

图 2-18 古罗马女子发式

[小资料]

古罗马人的妆饰

古罗马是一个有着清晰社会阶层秩序的社会，所诞生的一批上流社会权贵们生活在非常富裕的环境之中，他们对于发型、化妆和饰品的关注，形成了古罗马的时尚潮流。

一般古罗马男子的发型都是简单的短小卷发，不留胡子。而古罗马女子的发型则非常讲究，不同时期有不同的流行时尚。贵妇们都有专职美容的女奴隶为自己做发型，她们喜欢把头发染成金色或者红色，或用发辫盘在头上，或用金属框架堆成圆锥形的发髻，然后配上饰品或金线网兜，非常讲究。

古罗马人还注重化妆，开发了如润肤剂、洗面奶、增白剂等化妆品，女子喜欢描眉贴脸，也热衷于在项、手、耳等部位佩戴珠宝首饰，以夸耀自己的富有和身份地位。据说结婚戒指就是古罗马人的创造。古罗马人也喜欢穿用各类款式的鞋，常常装饰上昂贵的宝石，作为一种上流社会的时髦消费品。（图 2-18）

五、罗马帝国与丝绸之路

2500 年前，中国的丝绸已经开始流传到西方，丝绸作为东西方之间经济和文化交往的载体，沟通着东西方的文明。通过丝绸之路，中国的丝织品、茶叶、瓷器等传送到中亚和欧洲，而中亚的毛皮、毛织品、玉和牲畜，波罗的海的琥珀，罗马诸省的玻璃、珊瑚、珍珠、亚麻布、羊毛制品和黄金也回馈到中国。

通过丝绸之路的物资交流，当时的东西古国都曾渴望与对方握手，但罗马帝国和汉帝国希望建立直接往来的愿望却始终未能如愿。据载，罗马人“一直渴望派使者到中国来，但安息人（帕提亚人）想用中国的丝织品和他们做买卖，因此就切断了罗马人前往中国的交通”。为此罗马人积极展开和印度的直接海上贸易，于是愈来愈多的商队不再取道西去的丝绸之路，而是向南经过和田前往印度西北部诸港口。这时，“昔日仅限于贵族使用的丝织品，现已不加区别地扩大流传到社会各等级手中，甚至包括最低的等级。”公元 2–3 世纪，富有冒险精神的几个罗马商人，东越印度，到达缅甸、马来西亚、苏门答腊，然后经马六甲海峡抵达河内，进而终于和中国取得了短暂的直接联系。但是，罗马政权的衰微使得中亚人依然控制了可获取贸易暴利的通道。直至 6 世纪中期，拜占庭人成功地将一些放在桑叶上孵化的蚕卵从东方偷运回国，丝绸业在叙利亚开始发展起来，并传播到希腊和地中海西部地区。

不管怎样，两千年前的中国丝绸吸引了西方，当时东西方的大国仅仅依靠漫长的丝路进行着间接接触，但毕竟是东西文明的交流，并在双方播下了种子。

思考题

1. 谈谈古希腊文化气质和其服饰形态的关联。
2. 比较古希腊和古罗马的文化背景和服饰特点。
3. 简述托加的特点，并分析其形态发展形成的社会文化背景。

第三章
拜占庭与中世纪服饰

公元 395 年，罗马帝国分裂为东、西罗马帝国。东罗马帝国建都拜占庭，地跨亚、非、欧，将古罗马文明、古中东文明、新兴基督教文化有机地融合在一起，拜占庭帝国奇迹般延续了千年之久。而战乱和异族的入侵，带来了西罗马帝国的灭亡，随后的欧洲中世纪，经历了战火纷飞、饥饿和贫穷吞噬的时期，经过挣扎和努力，中世纪末期的欧洲跨越了寒冬，为以后文艺复兴的繁荣打下了基础。拜占庭时期的服饰依然保持了宽衣文化，并融入东方式的华丽。相反，西欧早期服装发展混乱，但值得注意的是，来自北方异族的窄衣不断冲击宽衣文化，从中世纪后期西方服装逐渐脱离了古代服装的平面性，而进入立体构成的时代，也与东方服饰分道扬镳，这个重要转折奠定了西方未来服饰形制的发展方向。

一、拜占庭与中世纪历史背景

公元 4 世纪，罗马帝国分裂为东、西罗马帝国。东罗马帝国君士坦丁大帝在拜占庭（今伊斯坦布尔）建都，而被史称“拜占庭帝国”。拜占庭帝国在近千年的时间里稳定昌盛，直到公元 1453 年被奥斯曼土耳其人占领才灭亡。10 世纪以前，西欧各国尚在封建割据和民族混战时，拜占庭帝国却稳定和繁荣着。它自称是恺撒和奥古斯都的继承者，延续了古罗马帝国的辉煌文化，同时也吸收大量的中东文明、伊斯兰文明，并通过丝绸之路保持着与东方中国的贸易往来，文化上更加具有多元性。基督教自罗马帝国末期被定为国教以来，在东罗马帝国得到稳定发展。

公元476年，随着北方日耳曼人的入侵，西罗马帝国灭亡。欧洲的公元5–15世纪，被称为“中世纪时期”。这是罗马帝国衰落和欧洲文艺复兴之间的过渡时代：战乱和分裂割断了古典文明的延续，教权与王权的斗争和联结左右着人们的精神世界，这一时期被称为“欧洲历史的黑暗时期”。中世纪早期（5–10世纪），欧洲陷入分裂战乱，各部落你来我往，征战不已，导致生产衰败、城市凋零，文明遭到空前破坏。这时期的欧洲从奴隶制转向了封建制度，欧洲的封建诸国逐步形成，封建诸国又继续着战战和和。

到公元11–12世纪，北方日耳曼文化和南方的罗马文化逐渐融合兴盛，以及拜占庭文化和宗教精神的结合，产生了欧洲的中世纪罗马式时代。这时期欧洲封建主发动的十字军东征，掠夺东方财富并带回拜占庭文化，至此，欧洲新兴城市出现，商贸往来繁荣，封建势力强大，基督教传播与精神控制加剧，这是欧洲封建制度形成的时期。

中世纪的文化受基督教文化影响很深。宗教在这段历史时期内统治了人们的精神和思想，所有古罗马文化都被基督教取代。艺术创作上，原来古希腊古罗马的雕塑、神像、文艺著作、理论经典都被禁止传播。基督教甚至焚毁了古罗马图书馆，将非基督的圣像都摧毁掉，造成了文明传承的断裂。为了禁止科学的传播，他们甚至建立了“宗教审判所”，将异教徒和真理一起送上火刑架，阻止文明的前行。基督教将受教育的权利只限于教士和僧侣们，普通民众被灌输的神权思想所禁锢，又被教会力量的酷刑所威胁，只能在黑暗中苟活。

欧洲中世纪在12–15世纪，渐渐恢复了元气，经济复苏、新城市出现、商业活跃，经济生活令社会产生了深刻的变革，思想、文化和艺术也得到了相应的发展。这段时期的艺术风格被称为“哥特式”，一大批哥特风格的教堂、城堡在欧洲兴起。欧洲君主不仅在国内巩固自己的力量，同时还扩大了贸易沟通的范围。马可·波罗对东方的描绘，让欧洲贵族开始对开辟新大陆的航海冒险活动充满了激情。到中世纪末期的哥伦布发现了美洲新大陆，达·伽玛到达了印度等，这些航海活动不仅带回了金银珠宝，也开阔了人们的视野，并且证明了地球是圆的，将中世纪禁锢人们思想的神学谎言统统打破，动摇了教会对人们的愚民政策，为日后的文艺复兴和科学发展奠定了基础。

[阅读资料]

Byzantin Culture, Art and Textiles

Throughout its history the city of Constantinople saw itself as a center for the preservation of the “antique”(i.e. Greek and Roman culture). Writings and works of art were consciously preserved. Many of these treasures were destroyed in the sacks of the city by the crusaders and the Turks, however others were saved or were carried away by raiders to other places where they were preserved.

The art of the Byzantine Empire provides the major record form which costume information comes. Artist decorated churches with mosaics(pictures of designs made from small, colored stones) many of which still exist. Other special skills included carving of ivory, and illumination (hand-painting and lettering) of manuscripts. Byzantine art displays a blending of classical and middle-eastern motifs and forms of decoration.

Fine textiles were woven by the Byzantines. From the 4th to the 6th centuries linen and wool predominated in use. Production of silk fabrics had been a secret process held first by the Chinese and later by the Japanese. Gradually knowledge of how silk was produced spread westward...

From this point until the 9th century when Greeks in Sicily also began to produce silk, the Byzantines produced silk for all of the western world. The emperor exploited his monopoly by charging enormous prices for the fabrics, and therefore only the wealthiest Europeans could afford the fabric. Brocades woven in Byzantinum were especially desirable. Often the designs used in these fabrics were Persian in origin. Christian subjects were also depicted in complex woven patterns. When made into garments or wall hangings these luxurious fabrics might be adorned with precious and semi-precious stones, small medallions of enamel, with embroidery, and /or appliques.

[摘译]

拜占庭的文化、艺术和纺织品

拜占庭一直把自己视为古希腊罗马文明得以传承的中心。随着十字军东征和土耳其人的进攻，大量文化财产被摧毁，但也同时因流落他乡而得以流传。从拜占庭流传下来的很多艺术品中，人们都可以看到当时服饰的样式。自拜占庭获知丝绸生产的秘密后，就一直垄断了整个西方世界的丝绸供应，以此获取巨大财富。拜占庭的丝绸图案带有波斯风格，基督宗教主题经常被织成复杂异常的纹样。

— Phyllis Tortora,Keith Eubank.***A Survey of Historic Costume.***[M]. New York:Failrchild Publications.1989,62

二、拜占庭服饰（公元 395–1453 年）

拜占庭服饰延续了罗马的宽衣文化，但也融合了东方服饰的华贵多彩，呈现出绚丽的特点，在一千多年的发展中，形成了特殊的服饰文化。其男女服装样式差异不大，穿着方式也是里外两层，从古罗马的单层缠绕，逐渐演变成修身的双层袍服。主要有达尔马提卡宽松袍（Dalmatica）、丘尼卡连身衣（Tunica）和方形大斗篷（Paludamentum）等款式。

达尔马提卡宽松袍（Dalmatica）

达尔马提卡宽松袍是流行于拜占庭时期的外衣，样式是一种最简单的 T 字形的服装，类似于一个巨大 T 恤衫的形状，装饰着两根饰带（被称为“Clavi”），束腰随意，通常将整幅布裁成十字形对折，或者两片 T 字形布片缝合，中间留领口。男女款式结构上没有区别，只是女式的贯头衣长及脚踝，男式的要短得多。以后，袍的袖子加长，呈直筒装的造型并用腰带收腰。

丘尼卡连身衣（Tunica）

丘尼卡连身衣是从古罗马时期流行的连身衣延续并演变而来的，基本就是套头便装，主要做内衣用。不同的是它的袖子开始变得窄小，衣身比原来加长到膝盖，腰间系带，下摆两侧有开衩，衣服上增加了刺绣装饰。这种拼合装饰（被称为“Segmentae”）

图 3–1 查士丁尼大帝和随从的大斗篷及丘尼卡

图 3–2 提奥多拉皇后外披方形大斗篷，右侧侍卫内穿有刺绣纹样的丘尼卡

是拜占庭时期特有的，它的图案主要是在圆形或方形的适合形内部装饰动植物纹样，或者用独立的动植物纹样组成圆形或方形的适合图案，一般都装饰在丘尼卡连身衣的双肩和下摆，袖口和领口。色彩常见的是白色面料上用深紫或黑色的线刺绣。丘尼卡连身衣并不是专门的内衣，但是做内衣时一般是白色。（图 3–1）

方形大斗篷（Paludamentum）

方形大斗篷是贵族们穿着的正式服装，主要用丝绸或锦缎做成，色彩灿烂辉煌，用大量的宝石和刺绣工艺装饰。这种披风样的斗篷在罗马时期常为紫色，皇帝和军官穿着，在拜占庭时期呈方形及膝。在查士丁尼皇帝和提奥多拉皇后的画像中，就明显地描绘出方形大斗篷的特点：服装采用紫色的面料，里子是另一种颜色，前后左右都有称为塔布利恩的装饰，这是拜占庭帝国特有的高贵的标志。皇帝的方形大斗篷上的塔布利恩图案是金色底子上刺绣有红圆圈的鸟。而皇后的方形斗篷上则用金线装饰，领下用宝石装饰。外套下穿白色的达尔马提卡宽松袍（dalmatica），襟和袖口有金和绿宝石装饰。整个服装从材质到色彩以及装饰，都体现出极度的雍容华贵，相比古希腊和古罗马的简朴，更加反映出拜占庭帝国的浓郁的东方装饰主义特点。（图 3–2）

妇女头饰

拜占庭时期的妇女主要还是以头巾为装饰。头巾的样式从单纯的蒙头，变成各种造型的巾帽，主要是白色的。发髻流行将圣母式头发从中间分路，后面挽成一个髻，或者后面分成两支，编成辫子后盘在耳上方，也有盘成圆圈状固定在脸庞，盖住耳朵。端庄圣洁的形象符合教会对女性的要求。

[链接]

Byzantin Art

The Byzantine artistic tradition was, in the words of one scholar, "monumental, kaleidoscopic, constantly open to fashion, energizing and far-reaching"(Beckwith). Byzantine art can be thought of broadly as the art of Constantinople (whose ancient name, before Constantine renamed it after himself, was Byzantion) and the regions under its influence. In this chapter, we focus on Byzantine art' s three "golden ages" The Early Byzantine period, most closely associated with the reign of Emperor Justinian I (527-65), dates from the fifth century until 726, the onset of the iconoclastic controversy that led to the destruction of religious images (see "Iconoclasm"). The Middle Byzantine period began in 843, when Empress Theodora (c,810-62) reinstated the veneration of icons, and lasted until 1204,when Christian Crusaders from the West occupied Constantinople. The Late Byzantine period began with the restoration of Byzantine rule in 1261 and ended, in Constantinople and its realm, with the empire's fall to Ottoman Turks in 1453. However, Late Byzantine art continued to flourish into the eighteenth century in Ukraine, Russia, and much of southeastern Europe. Russia succeeded Constantinople as the "Third Rome" and the center of the Eastern Orthodox Church after the empire's collapse.

During the fifth and sixth centuries, while invasions and religious controversy wracked the Italian peninsula, the Eastern Empire prospered. Constantinople remained secure behind massive walls defended by the imperial army and navy. Its control of land and sea routes between Europe and Asia made many of its people wealthy. The patronage of the affluent citizenry, as well as that of the imperial family, made the city an artistic center. Greek literature, science and philosophy continued to be taught in its schools. Influences from the regions under the empire's control Syria, Palestine, Egypt, Persia, and Greece gradually combined to create a distinctive Byzantine culture.

[摘译]

拜占庭艺术

用一位学者（Beckwith）的一句话概括拜占庭艺术传统，就是“不朽的，万花筒般的，对时尚的不懈开放，充满活力和深远的”。拜占庭艺术可以看做是君士坦丁堡和受其影响的地域的艺术。拜占庭艺术大致可以分为三个“黄金时代”，从5世纪拜占庭早期到1261年拜占庭晚期。然而，晚期拜占庭艺术在俄罗斯和东欧还持续盛行到18世纪。

在5世纪和6世纪时，当西罗马帝国处于蛮族入侵和宗教论战而被完全毁坏时，君士坦丁堡在高墙后帝国军队的保护下仍然繁荣，它控制着亚欧大陆的丝绸之路和海路，希腊的文学、哲学依然在此地教授。拜占庭帝国受其领地文明的影响，逐渐地融合创造出一个与众不同的拜占庭文化。

—Marliyn Stokstad.***Art History Prentice Hall/Pearson.***2005,Revised Second Edition,270

三、中世纪早期服饰（公元5—10世纪）

中世纪早期的服装，部分继承和延续了古希腊和罗马时代的形制，男女服装基本差不多，丘尼卡连身衣依然存在。但是与古罗马的单层缠绕式不同，这一时期的服装已经从穿着理念上发生了变化。因为欧洲文明地域的扩大，北方高寒地区各族部落的加入，使得原本适用于温暖的地中海地区的宽袍大袖型的古罗马服饰逐渐被造型窄小紧身的功能性服装所取代。两种地区的服饰相互影响，形成了早期服饰从宽大缠绕型向合体紧身型转变的特点。

[阅读资料]

Phenomenon of “Fashion” in the Middle Ages

By the 12th century, trade among the nations of Europe again flourished, and their once-stagnant economies experienced a remarkable revitalization. By the 1400’s the arts, the intellectual life, and the social structure of Europe had been virtually reformed. During this transformation of society a change had come about in the speed with which clothing styles changed. Many costume historians and social scientists believe that the phenomenon of “fashion” in dress in Western society began during the Middle Ages.

……

These two elements, an open-ended class system and the imitation of higher classes by lower classes, are both facets of Medieval life in the 13th through the 15th centuries. Peasants who moved from rural areas to cities often became part of the growing middle class. A wealthy merchant, Jacques Coeur, adviser to the king of France in the 1400's, was made a nobleman by that king to reward his service. The passage of sumptuary laws regulating dress and other luxuries in the 13th to the 15th centuries is good evidence of the vain attempts of the nobility to prevent the increasingly affluent commoners from usurping those status symbols the nobility considered to be their own.

Two other conditions contributed to the spread of fashion. In order to imitate those of higher status, the imitator must have sufficient means to afford the latest fashions; and for fashions to be more than a merely local style, fashion information must be carried from one place to another. The late Middle Ages satisfied the aforementioned conditions. A newly affluent middle class, largely merchants and artisans, was emerging and provided not only social mobility but also increased affluence for a substantially larger proportion of the population, while increased trade and travel provided for a constant flow of fashion information.

As the Middle Ages drew to a close the phenomenon called fashion was firmly established and the duration of the periods that fashionable styles endured grew shorter and shorter. No longer can one speak of styles, like those of the Egyptians, which lasted for thousands of years. Instead, by the close of the Medieval period one speaks of fashions that lasted less than a century.

[摘译]

中世纪的“时尚”现象

12世纪开始，欧洲各国之间贸易开始繁荣起来，艺术、文化和社会结构发生了实质性的变化。随着社会的变革，服装样式的变更也随之发生。很多服装史学家认为西方社会所谓的“时尚”的现象是在中世纪正式出现的。变动的阶级体制、下层对上层的模仿、逐渐富足的财富、流动人口将流行信息从一个地方传到另一地方，都为中世纪“时尚”现象的出现提供了实现条件。谈及“风格”，在古代，如埃及，往往指千年之久；而到了中世纪末，“时尚”取代了风格，已经仅仅是百年的概念而已。

—Phyllis Tortora, Keith Eubank. ***A Survey of Historic Costume.***[M]. New York:Failrchild Publications, 1989,58-59

四、日耳曼人服饰

相比于古罗马时期精致的服饰，北欧各族部落的服饰是相对简陋和粗糙的。以日耳曼人为主的异族服饰为例，他们的生活主要以狩猎和捕鱼为主，身处严寒地带，所以服装首先满足御寒的生存目的，衣身窄小紧身，袖口和领口封闭。为便于活动将服装分成上衣和下衣的功能性服装，而且材料上以狩猎获得的动物毛皮和皮革为主，必须裁剪后缝制才能够穿着，与欧洲南方精致柔软的棉麻面料披挂在身上自然成形形成鲜明对比。

当日耳曼人到达意大利以后，受古罗马注重礼仪和装饰的服饰文化影响，日耳曼服装也和罗马服装开始融合，形成了中世纪早期服饰的风格。

男子服装

进入中世纪，古希腊时代的质朴与民主荡然无存，取而代之的是金字塔形的社会结构，自上而下的模式是用森严的等级制度规定的。除了受世俗的王权统治，在精神上至高无上的教皇也用森严的宗教体系禁锢着人们的思想。人们开始从服装上显示级别和社会身份的差异。在简单的服制上能够体现差异的，无非是材质、装饰和颜色以及装饰品。衣袍的材质基本上是麻或毛的内衣，外套是羊毛的。高贵的人夏天用丝绸，冬天用毛呢。日耳曼人也继续他们原有的上衣和下裤的着装，这种两截衣装渐渐地在欧洲发展。

丘尼卡连身衣（Tunica）

男装丘尼卡连身衣的形制和女装相似，也是内外两层的方式，只是不用披头巾或是换成帽子。在日耳曼人和罗马人的交流中，服装也产生了相互的交融。男子上穿丘尼卡，下穿长裤，外出时经常在外披上罗马式的斗篷（sagum）。斗篷上经常有醒目的条饰，显然是受拜占庭服饰文化的影响。相对女装，男装的衣服略为宽松一点。

图 3–3 达尔马提卡宽松袍

女子服装

中世纪的女装，将古罗马袍式宽松的精神审美方式，转变成修长优雅，显现女性身材的性感和娇媚的现实感官享受，成为服装发展史中一个质的转变。那种健美的希腊女性形象已经过去，女性温柔和娇美，成为封建社会男性的欣赏标准。这种基于封建社会的男权主义的审美取向，尽管受到基督教禁欲思想的压制，但是却在后来的社会中不断得到强化。

达尔马提卡宽松袍（Dalmatica）

这样的贯头式宽松袍也沿用了罗马末期的达尔马提卡，只是把装饰花边围绕领口与前胸门襟。为了御寒，一般服装都分两层，内层是紧身的合体衣服，圆领抱脖，长袍到脚踝，腰部系带收腰，袖口收紧。外层的长袍有宽松的半袖或喇叭形长袖，有头巾整个缠绕着头部一圈，垂在前面或后面。女王、公主或是贵妇们，还会披一个貂毛饰边的大斗篷，显示高贵。（图 3–3）

丘尼卡连身衣（Tunica）

中世纪时期的服装变化缓慢，不过这时期女子穿着的丘尼卡连身衣已经开始变得紧身，显现出女性优雅的身材。

色彩、配饰、帽子

服饰上的色彩已经成为显示社会身份的标志之一。紫色是教皇和国王、王后的专利，而红色是主教及贵族的颜色。早期时，无论内衣换什么颜色，外面的长袍都是白色的亚麻或羊毛；后来随着材质的丰富，颜色就成了级别和身份的标志，并且严禁穿着与自己身份不符的颜色的衣裳。

衣物的材质基本上是麻或毛，还有少量用丝绸的。一般越是上层的人，袍子越长。服装上的装饰，主要在袖口、长袍的边缘、头巾的发箍及腰带等部位，用滚边、镶珠、镶宝石、镶毛饰品等手法，长袍上刺绣图案来体现华贵。

帽子成为一个人的级别和社会地位的标志，国王的皇冠是莲花状的，教皇的皇冠是高耸的百合花状的，僧侣的帽子有红色和黑色的区别，天鹅绒做的帽子成为级别的区分，有的帽子在顶上有一个尖，还连着一个长长的披巾，帽尖在前面翘起来。而平民百姓，要么没有帽子，要么是小毡帽。

[小资料]

多元化异族服饰

随着各地异族相继登上欧洲舞台，异族服装也成为中世纪服装服饰文化多元化的重要组成部分。

来自匈奴铁骑的紧身服装，曾在中国率先被赵武灵王采用，即著名的“胡服骑射”。类似的事情也发生在欧洲：最早在公元714年，法兰克王国的继承人查理·马泰（Charles Martel），一位骁勇善战的勇士，改革了法兰克军团，将全身的铠甲骑兵引入军队中。这为后来发展演变为中世纪骑士播下了种子。骑士服装不仅在和短袍骑射的穆斯林军队战斗中具有灵活和速度的优点，又具有坚韧无比的坦克般的杀伤力。

图 3–4 中世纪服装受到拜占庭影响

五、罗马式时期服饰（公元 11–12 世纪）

公元 11–12 世纪，新兴的日耳曼人在不断扩张和发展的过程中吸收了罗马文化、拜占庭文化，并结合了基督教“君权神授”的宗教精神，第一次将欧洲文明涵盖了整个地中海区域。特别是十字军东征，将东方的珍宝和华美的服饰带回了欧洲。这一时期服装的特征是男女同型。但是就相对简朴的早期服饰而言，它既融合了古罗马服饰文化，又更多受到东方拜占庭华美服饰及奢侈生活方式的影响。（图 3–4）

[链接]

罗马式时代

欧洲历史上一般把公元11—12世纪称为”罗马式时代”(Romanesque)。这一时期是日耳曼人吸收了罗马文化、拜占庭文化，并结合了基督教精神，形成了南北方和东西方文化交融的国际性的时代。在建筑上体现为半圆形的拱顶和十字形交叉拱顶，厚实的墙壁，狭小的窗户，到处装饰着宗教圣像的雕塑，宏伟凝重，具有神秘的宗教色彩。这一时期的绘画、雕刻、音乐、建筑和文学都以宗教为主题，神性的宣扬抑制了人性的表达。

随着商业和手工业的发展，以农业为主的封建主们开始建立了新兴的城市，同时封建割据导致了商贸流通的发展受阻碍，于是封建主们相互吞并，以骑士为主的雇佣军在欧洲掠夺。为了满足封建主对财富和土地的欲望，罗马教皇和封建主们发动了一场历时两个世纪的侵略战争——十字军东征。这场殖民战争一方面严重破坏了拜占庭帝国的社会生产和文化，另一方面又将东方的珍宝和华美的服饰带回了欧洲，使得欧洲服饰文化打破了中世纪宗教禁欲思想控制的枷锁，进入下一个绚丽多彩的哥特式时期。

男子服装

罗马式时代服装的特征是男女同型，几乎没有明显的性别差异，服装样式也是鲜兹束腰内衣（Chainse）、布里奥束腰外衣（Bliaud）。比较不同的是男子穿裤子（Braies）下配长筒袜（Chausses），并在外面穿披肩状长曼特尔披风（Mantel）。

布赖斯宽松内裤（Braies）

所谓布赖斯的裤子是中世纪早期日耳曼人下身穿在外面的窄身裤子演变过来的，但这时已经变得宽松，并穿在长长的贯头的束腰外衣里面，成为一种内裤。裤腿较宽松，无裆，两条腿分别套上，在上口用类似吊袜带的绳子系在腰里。在此以后到14世纪中叶，这种裤子发展为短裤。

曼特尔小披风（Mantel）

曼特尔披风是一种披肩状短披风，或称“小斗篷”，是男女皆用的外出服，形状有圆形和长方形，在胸前和肩部固定，也有套头式的。用织锦和绸缎等制成，面子和里子采用对比色，边缘饰以金、银丝线。这种披风的长度从到膝盖演变成到脚踝，成为身份等级的标志之一。

这一时期由于骑士阶层的出现，中世纪骑士服装也是男装的一大特色。

女子服装

这时期女式的服装主要有：鲜兹束腰内衣（Chainse）、布里奥束腰外衣（Bliaud）、紧身背心（Corsage）等。

鲜兹束腰内衣（Chainse）

鲜兹束腰内衣是一种内外兼用的贴身衣服，一般用白色细亚麻布制成，长及脚踝，有窄长的袖子、紧袖口。袖口有精美的刺绣和饰带，领口也有几排凸条纹和金银线绣，与袖口相呼应，整体比较轻柔贴体。

布里奥束腰外衣（Bliaud）

布里奥束腰外衣，类似于现在的连衣裙，材料一般用轻薄的毛织物或丝绸。其裁剪方式是平肩，V字领，略收腰，类似旗袍的形状，再加上直袖，袖口处拼一个大的斜三角袖口。早期的这种束腰外衣的特征是一条长长的腰带，从前向后绕，在后背交叉或系一下，再绕回到前面，从腹部处打个结，让有穗饰的两端悬垂在前面。

12 世纪后期，束腰外衣更加优美，收腰身。开始的方法是把衣服的前后片剪裁成躯干的形状，从腰两侧各拼一个三角形，将下摆变成扇形裙摆。在后背中从领圈到腰部开个口，两边挖很多气眼，穿衣时用绳子或丝带像穿鞋带似的穿进后系紧，就产生了和身体相近的外形。当然这种方式会产生很多难看的横褶，裁剪上已经出现了立体裁剪的雏形，为后来“省”的出现打下了基础。配上宽大的蝙蝠袖式的造型，宽大的裙摆，收紧的腰身，开始显露女性的身材，比前面所有时期都体现出女性的优美。

紧身背心（Corsage）

紧身背心是穿在布里奥束腰外衣外面的紧身背心，是一款专门的女装。作为装饰性的胸衣（并非内衣），它紧身无袖，和布里奥束腰外衣同样是领口、下摆滚边装饰，胸前饰花，在后背中央开叉，然后叉口两边挖很多气眼，用丝带像系鞋带一样穿过气眼并收紧，凸现人体的曲线美。这时候立体裁剪的方式已经初现雏形，西欧人通过这种开叉、拼块以及系带的办法，逐渐发现了塑造三维形态的办法。

[小资料]

中世纪骑士服装

在充满了血腥和杀戮的中世纪，出现了特有的骑士制度。他们由封建领主供养，为各自效忠的领主打仗，身上必须有领主的标志，从旗号到盾牌，从长矛到宝剑，都有各自的徽章，这就成为欧洲贵族家族徽标的由来。中世纪骑士服装的典型形式，是用坚实的全身铠甲将人和马包裹严实，而为了四肢的灵活；用细软的金属环或毛线编成的内层软甲将周身包裹起来，既保护了身体，又不影响战斗的动作。另一方面，骑士的英武精神，血性阳刚的气概，成为欧洲文化中男性不可或缺的一种内在品质。公元14世纪，骑士服装退出了历史舞台。

[链接]

十字军东征

公元1095年，教皇乌尔班二世打着拯救被穆斯林围攻的君士坦丁堡，夺回圣地的旗号，招募十字军东征。他承诺将战利品分给十字军的骑士们，并且共同统治占领区。随着一次次的征战，原来的宗教狂热和个人英雄主义，被野蛮的掠夺和殖民所替代。至1270年的第八次东征，已演变成为一种封建主扩大自己地盘的掠夺式侵略战争。十字军东征的宗教意义在于教会的传播和扩散更为广阔，而文化意义在于它实现了文化的传播和交流。西欧新兴的封建国家，在掠夺了拜占庭帝国的财富和土地之时，也将丰富多彩的拜占庭纺织和服装业引入了西欧，逐渐接受并融合了华贵绚丽的拜占庭服饰文化，客观上为欧洲多彩的哥特式服饰发展奠定了基础。（图3-5）

图3-5 十字军东征骑士服装

六、哥特式时期服饰（公元 12–15 世纪）

中世纪后期，整个欧洲大陆社会相对稳定，经济发展迅速，各个封建王朝的建立已经明晰，并且在与教会的势力斗争中取得了很大胜利。经济的繁荣，造就了制造业的发展，各种手工业和纺织、建筑、农业、畜牧业的兴盛，商贸往来的频繁，促使城市的形成和繁荣，城市成为社会生活的中心。12、13 世纪，手工业开始形成各种行会，大大促进了社会生产力的发展。服装业开始细分化，妇女参与到各类与服装业相关的行业中，出现了花边蕾丝、发饰制作、裁剪成衣、毛皮缝制、皮带扣和饰针制作、染色业和鞋类加工、手套加工、刺绣等专业部门。服饰也更为复杂和精细，物质文明的发展，使西欧服饰进入了一个新时代。

哥特式时期服饰沿袭了早期的双层穿着方式，但开始收紧腰身，加入三角布片，主要体现为窄衣形态，以表现人体轮廓，释放行动自由。

男子服装

哥特式男女装在许多款式上雷同，主要有贯头式鲜兹束腰内衣（Chainse）、布里奥束腰外衣（Bliaud）、科特贯头衣（Cotte）、修米兹贯头内衣（Chemise）、筒形贯头式修尔科特外袍（Surcote）、科塔尔迪连身衣（Cotehardie）以及吾普朗多盛装男袍（Houpelande）等，通常男装是在衣长上比女装短一点，更宽大一些。男装基本与女装同时出现，所以在绘画和塑像中很容易找到和女装对应的男装。值得注意的是，哥特式时期出现了男装特有的几个样式：普尔波万紧身短衣（Pourpoint）和与之相匹配的紧身裤（Hose）。

吾普朗多盛装男袍（Houpelande）

所谓吾普朗多盛装男袍是一种宽松的大袍，其很有特色的地方是下摆、袖口和衣身开衩的地方有锯齿形的边饰，像花瓣状，被称为“dagging”。吾普朗多盛装外袍有前开襟式，用一排扣子固定，也有贯头式的，有小立领。它的衣长偏短，腰位更低，下面配以紧身裤，是哥特式时期典型的男装服饰。（图 3–6）

图 3–6 吾普朗多盛装男袍

图 3-7 该时期男子穿着霍斯紧身裤与普尔波万紧身短衣，脚穿波兰那尖头鞋

图 3-8 紧身裤是当时男子的时尚装束

普尔波万紧身短衣（Pourpoint）

普尔波万紧身短衣是哥特式时期的男子专用的服装。它原来是 14 世纪士兵穿在铠甲内保护身体的紧身衣，用多层的布衲在一起，填充棉絮、羊毛或其他纺织碎料，就如一件防弹衣。它的特点是紧身，前开襟，胸部有填充物使之鼓起来；袖子贴身，从袖口到肘部都有纽扣。为了适应战争的需要，下摆仅到臀部，比以前任何一款服装都短。后来，这款服装演变成可以外穿，并形态上发生了变化：袖笼部分呈灯笼袖，袖子在肘部横向破断，而在后肘是分开的；腰节处横向破断，腰下部分填充更多东西，使衣服蓬松有型。普尔波万紧身短衣是第一款正式与长裤搭配的男装。（图 3-7）

紧身裤（Hose）

这时男子多穿长裤，除了有宽松裤（braies，意大利语），更多的是穿叫霍斯的紧身裤。紧身裤原来是起源于 6 世纪波斯的宫廷戏班丑角穿的类似紧身连裤袜的紧身裤。由于拜占庭与波斯的密切交往，紧身裤丰富的花色迎合了拜占庭人的审美，被平民和王公贵族们穿着。11 世纪十字军东征后，这种东方的怪诞服饰又被引入欧洲，在哥特式时期人们追逐夸张怪诞的情结中，成为一个最有特色的款式。男性将这种紧身裤穿在身上，把自身结实的腿线暴露无遗。这种紧身裤两个裤管分开，上端用带子与普尔波万紧身短衣系在一起；中间男性生殖器官突起的部分，用两个三角拼块缝合。而中世纪左右不对称色的运用，使得裤子也采用一半红一半黄的色彩。为了凸显男性的特征，前面两个拼块的颜色也不同，这种欲盖弥彰的效果成为哥特式时期男性炫耀自己性感的一种方式。（图 3-8）

图 3-9 14 世纪后的女装开始大胆裸露肩胸

图 3-10 科特紧身贯头衣

女子服装

哥特式女装主要沿袭了早期中世纪的双层穿着方式，但是在后续的发展中，由于裁剪方式的变化，使得原来缠绕式的或套头式的服装，变得更有轮廓造型。女式的服装主要有：贯头式鲜兹束腰内衣（Chainse）、布里奥束腰外衣（Bliaud）、紧身背心（Corsage）、科特贯头衣（Cotte）、修米兹贯头内衣（Chemise）、筒形贯头式修尔科特外袍（Surcote）、科塔尔迪连衣裙（Cotehardie）以及吾普朗多盛装外袍（Houpelande）等。（图 3-9）

其中，鲜兹束腰内衣（Chainse）、布里奥束腰外衣（Bliaud）、紧身背心（Corsage）延续了罗马式时期，只是更为精致。

科特紧身贯头衣（Cotte）

这种筒形贯头衣是内外兼用的服装，一般作为内衣穿。束腰紧身，衣身较长，腰间系带。袖子紧贴胳膊，从肘部到袖口有一排扣子收紧固定。（图 3-10）

修米兹贴身长袍（Chemise）

所谓修米兹的贯头式贴身长袍基本上是从鲜兹束腰内衣演变过来的，通常由麻布制成，当和外衣配套穿时，要求内衣和外套的领口、袖口的褶或刺绣纹样一致。14 世纪中期以后，刺绣装饰改用流行的蕾丝花边了。

修尔科特外袍（Surcote）

修尔科特外袍是筒形贯头式的外衣，是穿在科特紧身贯头衣之外的，据说原为罩在铠甲外防锈的外套，用丝绸或毛织物制成，从胸部到裙摆舒畅宽大，有无袖、半袖和长袖式样，一般以无袖为多。

13 世纪时，修尔科特外袍样式发展为从袖笼下的腋下开口，胳膊从开口伸出，而让袖子闲垂下来。无袖的修尔科特外袍，则是一种背心式外套，前后两片几乎相同的衣片缝合，从肩到臀部的侧边不缝合，衣长拖地，走路时要用手提着。这种敞开式的服装在中世纪前期是教会根本不容许的。随着哥特式审美的流行，大胆怪异的服装都有了展示的机会。14 世纪以后，修尔科特外袍衣身逐渐变短，并有了前开襟。（图 3–11）

图 3–11 无袖的修尔科特外袍

科塔尔迪连衣裙（Cotehardie）

科塔尔迪连衣裙则是哥特式服装的又一大特色。在 14 世纪演变成很奇特的样式。它的特点是敞胸，前襟锁扣，上半身剪裁非常合身，女性身体曲线毕显。臀部以下裙子嵌入很多块三角形布片，自然下垂，最为有特色的是它在袖肘处用一条宽约 7.5 厘米的布条，长长地垂下，这个布条叫做“Tippet”，通常是裁剪袖子时剩下的布料做的，也有用不同色的面料拼上去的。这种怪诞的服装是如此大胆，在中世纪教会统治下是不曾有过的，所以被称为“Cote–hardie”，从法语“cotardie”演变而来，意思是大胆的衣服。在英王爱德华三世的墓葬中，有一座其女儿琼·德·拉吐尔的雕像，她穿的正是这种连衣裙。

图 3–12 女子吾普朗多盛装外袍

吾普朗多盛装外袍（Houpelande）

哥特时期有一种男女皆穿的袍服，称吾普朗多盛装外袍。女性的吾普朗多盛装外袍是套头式的宽松大袍，高腰节，肩部合体，胸和下摆宽松肥大，袖口宽大可达地面，且有异色的刺绣花边或镶毛皮装饰，花样繁多，配以白貂皮领子。它的色彩艳丽，一般用锦缎制成，而且配色大胆，常常为左右不对称色，或从左肩到右下摆斜分两色。这是中世纪流行的经典造型之一，戴上尖尖的汉宁帽（Henin），从帽尖垂下白纱，哥特式的风格完全呈现出来了。（图 3–12）

[阅读资料]

衣服构成上古今、东西的交叉点

13世纪，受建筑风格的影响，衣服的裁剪方法上出现了新的突破。过去宽衣时代的衣服构成具有一种很强的平面性，其裁剪属于古典式或东方式的“直线裁剪”。虽然罗马式时代衣服也曾收腰，但那还只是从衣片两侧向里挖剪，仍未摆脱古代服装平面性的框框。而这时新的裁剪方法则是从前、后、侧三个方向取掉了胸腰之差的多余部分。特别值得注意的是，从袖根到下摆，在侧面加进数条楗子板一样的三角形布，这些不规则的三角形布之间，在腰身处形成了许多菱形空间，这就是我们现在衣服上的“省”，英语称为“Dart”。这样就构成一个过去的衣片上所不曾有过的侧面。正是由于这个侧面的形成，才把衣服的裁剪方法从古代平面两维空间构成的宽衣那里彻底分离出来，确立了近代三维空间构成的窄衣基型。而且也就是在这时，西方的衣服和东方的衣服也在构成形式和构成观念上彻底分道扬镳。也就是说，无论从纵向（古代到近代）还是从横向（东方和西方）衣服构成上的分水岭都在这里。其中“省（Dart）”这种技巧的出现和利用发挥了关键作用。“省”改变了只从两侧收腰时出现的不大合体的难看的横褶，毫不勉强地把躯干部分的自然形表现出来，优美的人体（特别是女性）曲线美由此诞生。另一方面，下半身裙子的量因从四个方向加入许多三角形布而大大增加，形成许多纵向的长褶，强调了垂直线感觉，与哥特式建筑那向上升腾的垂直线之特征一脉相承。

——李当岐．西洋服装史，第2版．北京：高等教育出版社，2005，148

鞋帽与配饰

哥特式时期最有特色的帽饰，当属汉宁帽（Henin）。这是一种单角或双角的圆锥形高帽，用布做内芯，外面糊上锦缎、丝绸，再垂下透明白纱。最高的帽子在1米以上，其高度还代表了身份的高低。据载，法国伊莎贝拉王后曾因为她头上的汉宁帽太高，进出宫门不便而下令改造宫门。这种帽子与当时的哥特风格的建筑颇有些异曲同工，相映成趣。

14世纪，格陵兰出现了一种滑稽软帽叫夏普伦帽（Chaperon）。它罩在头上，帽子顶端又细又长，垂下来，短的可至大腿，长的可以及地。这种相当滑稽的造型，在中世纪亦成为一种时尚。

发网（Hairnet）的流行，是13世纪在英国妇女中出现的。它可以把头发全部罩住，做成各种造型。运用粗的丝线或合金丝线，人们可以将发型做成圆柱或花瓣形状，外面披上头巾。

纽扣的出现，使得男女服装在造型上得到了充分的拓展。而随着扣子取代了腰带，作为服装的装饰点，纽扣的材质和造型以及颜色和图案，成为服装的点睛之笔。从王室的金扣银扣，到贵族的贝壳扣、铁扣，普通百姓的铜扣，扣子的制作成为一个日益壮大的产业。

鞋子，作为中世纪哥特式时期的又一个重要特征，不得不提的一种叫波兰那（Poulaines）的尖头鞋，在欧洲流行了100多年。受哥特式建筑的影响，高耸的教堂尖塔形状，成为人们脚下鞋子的造型。而且鞋尖长度也有等级之分，王室的穿2.5英尺长的鞋子，贵族穿2英尺的，骑士1.5英尺，商人1英尺，平民半英尺长。为了使鞋尖挺起，人们常将东西塞进去，或将鞋尖用金属线绑在膝上。这些都使人在穿了鞋子之后，走路很不自然，令人发笑。贵族们越来越讲究，有时是绒布上绣上珍珠，有时是珍珠镶金，有时甚至两脚选不同颜色。（图3–13）

图3–13 哥特式时期婚礼场景，新郎新娘头戴汉宁帽，脚穿尖头鞋

尖头鞋的发展变得越加背离了教会的要求，1360年，厄班诺五世为教皇时，就禁止在教会中穿这种鞋，法国查理五世大帝，也在1367年下令禁止穿这种鞋。

[链接]

哥特式（Gothic）艺术

哥特式艺术是指12–16世纪欧洲出现的以建筑为主的艺术，包括雕塑，绘画和工艺美术。哥特式艺术是夸张的、不对称的、奇特的、轻盈的、复杂的和多装饰的，以频繁使用纵向延伸的线条为其一大特色。在建筑上的典型代表就是巴黎圣母院的教堂，高耸挺拔的塔楼、尖拱券、小尖塔、垛墙、飞扶壁和彩色玻璃镶嵌装饰画窗等典型元素，体现出哥特式建筑风格的特点。

在罗马式时期，教堂都是圆顶的，拱券是平稳的圆弧，立柱粗大宏伟，是沿袭了古罗马神庙的风格，所以高度都不是很高。大穹顶是呈十字架形的结构，立柱很浑厚，以便承受巨大的屋顶的压力。

后来建筑技术发展到一个新的高度，通过增加穹顶的分割，并且将屋顶变成尖的弧形，这样屋顶的重量可以减轻，同时建筑高度可以向上发展，支撑穹顶的立柱也不需要很粗大，变得轻盈挺拔。相应地，圆的拱券随着穹顶的变尖，也变成了尖的形状。高耸的尖顶教堂，需要小的

图 3–14 哥特式风格建筑

尖塔作为视觉的延续，使人们在建筑下仰视时产生直通天堂的感觉。这样的建筑，充分体现了中世纪天主教神学观念在艺术上的反映。为了创造一个神秘的宗教氛围，用笔直的立柱，高挑的天顶，将空间压缩并向高空延展，并在顶部设置彩色玻璃镶嵌画窗，让光线从五彩的玻璃窗穿透下来，照在高台的神像上，使身处幽暗的信徒们相信耶稣真是从天堂来的。（图 3–14）

而这些至今遍布欧洲的尖顶教堂被称为“哥特式”，其实“Gothic”一词是“野蛮”的意思，最早是指欧洲早期一个以破坏和掠夺为乐的野蛮部落西哥特部族，他们以无知和缺少艺术品位而著称。文艺复兴时，著名意大利画家拉斐尔在给教皇利奥十世的信中，就将这种文艺复兴前风行的建筑样式，称为“哥特式”，认为它们太缺乏艺术品位，它们怪诞和野蛮。

哥特式艺术，体现在其他方面，产生了一种字母华美的印刷字体或手写体——哥特体，通常用于圣经和书籍的出版。而服装上，则影响了这一时期的人们的审美心理和流行趋势。人们从朴素的正统的服装中解脱出来，寻求怪诞、华丽、奇特和神秘的服装样式，从头饰到鞋、服装和色彩，都反映出这一特点，使中世纪服装在经历了数百年的平淡之后，到达了一个怪诞和华丽的高峰期。

思考题

1. 简述中世纪早期的服饰特点，并分析北方民族文化对该时期着装理念的影响。
2. 简述东西方文化融合在拜占庭服饰中的体现。
3. 为什么说中世纪哥特式服装形成了东西方服饰文化的分水岭？

第四章
文艺复兴时期服饰

文艺复兴时代的来临，结束了黑暗的中世纪。14 世纪初首先兴起于意大利的佛罗伦萨城的文艺复兴运动，到 15 世纪末席卷了整个欧洲，并一直延续到 16 世纪。

受这场资产阶级文化运动影响的三百年时间里，西方的社会结构发生了重大变化，各国资本主义经济显著增长，资产阶级的价值观开始广泛传播。在这个星光灿烂的时代，西方建立起人性化的服装造型模式，它既与古希腊、古罗马时期崇尚自由、宽松的服装风格形成对比，又与中世纪服饰简单的构成形式截然不同，此时的服饰强调其合体性与夸张的对比，女装中首次出现紧身胸衣和撑架裙，造型为上轻下重的正三角形，而男装则注重上半身的体积感，造型呈现出上重下轻的倒三角形。这种新的服饰审美观念，开启了西方服饰史的近世纪服饰时代。

一、文艺复兴历史背景

14 世纪中期，大批艺术家将目光投向了极具魅力的古希腊和古罗马文明——拜占庭灭亡时抢救出来的手抄本，罗马废墟中发掘出来的古代雕像……在这些光辉的形象面前，中世纪的黑暗与无知消逝了，欧洲迎来了前所未有的艺术繁荣，出现了但丁、达·芬奇、拉斐尔、米开朗基罗、提香等文化艺术巨匠，并诞生了无数不朽的杰作。这些作品重新肯定了人的价值，表现出前所未有的对人的关注，在艺术作品中大胆表现裸体，向禁欲主义挑战，在文学作品中描写人、歌颂人，把人放在宇宙的中心。如但丁的《神曲》拉开了文艺复兴的大幕，展示出诗人惊人的想象力；达·芬奇的《人体比例研究图》使长期在禁欲主义思想气息下生活的人们如梦初醒，他们看到了自己真实健美的本来面貌；拉斐尔所开创的“秀美”风格，延续了400年之久，成为后世古典主义者认为不可企及的典范。

文艺复兴，英文“Renaissance of Arts”。“Renaissance”中文意为“复兴”，最早是由16世纪的意大利艺术史学家乔治奥·瓦萨里（Giorgio Vasari，1511–1574）首先使用的。之所以将这个时期用“文艺复兴”来表示，是因为文艺复兴精神在此间渗透到几乎所有的人文领域——文艺、美术、建筑、哲学、宗教、教育、服装，等等。

文艺复兴之初即伴随着一系列的重大活动——贸易、发明、地理大发现……15–16世纪，葡萄牙和西班牙的冒险家们，进行了前无古人的海上远航，找到了通往神秘富有的东方古国的航道——1492年哥伦布发现新大陆，1517年到达东方日本……地球的概念被真正扩展，奠定了以后的世界贸易以及手工业过渡到工厂手工业为基础。社会经济的新变化成为文艺复兴最有力的推动因素，以货币和信贷为主要流通形式的商业，取代了以物易物的落后贸易形式。中产阶级财富的迅速积累，政治地位与社会地位的迅速提高，成为文艺复兴的必要条件。

[链接]

The Background of Renaissance

Exciting cultural changes began in Italy about mid-14th century when sculptors, painters, and writers began to identify with the ancient civilizations of Greece and Rome. These Italians believed that 1000 years of darkness and ignorance separated them from the Roman era and their times. They believed that there had a “re-birth” of classical arts and learning, a “Renaissance”, a term derived from the Italian word “renascere” meaning to be re-born. Modern historians in general do not consider that there was “re-birth” of the arts, but that rather Europe underwent a chaotic change, a period of profound transition as medieval institutions crumbled and a new society and culture began to appear. The Renaissance could be viewed as a time of transition from medieval to modern view of man and the world.

The Renaissance began around the middle of the 14th century in Italy and lasted until the end of the 16th century. Dates assigned to artistic and to costume periods are of necessity arbitrary···

···For not only do costume and artistic periods fail to fit into neat, clearly-defined time periods, they also begin and end at different times in different parts of the world. While the rest of Europe was following a line of political, economic, and artistic development that was an extension of trends begun during the Middle Ages,a new perception of life had begun to emerge in Italy in the 15th century and from there spread to the rest of Europe.

[摘译]

文艺复兴的背景

文艺复兴时期开始于 14 世纪的意大利，并一直延续到 16 世纪末，但它在世界各地起止于不同的时间段。这一时期可以看做是整个世界和人类从中世纪进入现代社会的转型时期，是一次深刻的社会变革，是对古典文化的复兴。

—Phyllis Tortora, Keith Eubank.*A Survey of Historic Costume.*[M]. New York:Failrchild Publications,1989

[阅读资料]

······拜占庭灭亡时抢救出来的手抄本，罗马废墟中发掘出来的古代雕像，在惊讶的西方面前展示了一个新世界——希腊的古代；在它光辉的形象面前，中世纪的幽灵消逝了；意大利出现了前所未有的艺术繁荣，这种艺术繁荣好像是古典的古代的再现，以后就再也不曾达到了。在意大利、法国、德国都产生了新的文学，即最初的现代文学；英国和西班牙跟着很到快达了自己的古典文学时代。

······旧的 Ortis terrarum（直译是“地环”，古罗马人对世界、地球的称呼——引者注）的界限被打破了；只是在这个时候才真正发现了地球，奠定了以后的世界贸易以及手工业过渡到工场手工业的基础，而工场手工业又是现代大工业的出发点。教会的精神独裁被摧毁了，德意志诸民族大部分直截了当地抛弃了它，接受了新教，同时，在罗曼语诸民族那里，一种从阿拉伯人那里吸收过来并从新发现的希腊哲学那里得到营养的明快的自由思想，愈来愈根深蒂固，为 18 世纪的唯物主义作了准备。

——恩格斯著，于光远等编译．自然辩证法．北京：人民出版社，1984，6-7

图 4-1 文艺复兴时期男子流行艳丽之风，图中男子一身红色装扮

图 4-2 Philip Sidney 身着装饰华丽的达布里特骑士装

二、文艺复兴时期服饰

文艺复兴时期，西方窄衣文化得到了重大发展，无论男装还是女装，都注重服饰部件之间的独立与连接，如领、袖、衣身均可以分别制作再重新组合，从此其服装样式不仅与古代服装截然区别开来，也与东方服装造型相去甚远。

文艺复兴早期的服装摆脱了中世纪哥特式时期服装紧张、尖锐、生硬的造型，转向一种开放、明朗、优雅的细长风格，并延续至 15 世纪中期。到了 16 世纪，男装女装都开始向横宽发展，男装夸张胸肩的魁伟，而女装着力于撑架裙的硕大。无论男装的倒三角造型还是女装的正三角造型，可以看出，文艺复兴时期的人们开始利用服装的裁剪来凸显甚至夸张人体的美，强调女性的丰胸、细腰、圆臀，以及男性的雄健伟岸。这种既回归古典，又富于创新的新服饰从此开启了西方的窄衣文化时代。

男子服装

男子服饰由上衣和下裤两部式构成，主要款式有达布里特紧身上衣(Doublet)和肖斯紧身裤（Chausses）等。男装流行艳丽之风，往往选用鲜艳颜色的面料，或者装饰着条纹、斑点、几何纹样制作外衣。欧洲历史上著名的萨伏伊王朝（the Savoye），其阿迈迪斯六世和七世就因其对绿色和红色的偏爱而分别被叫做“绿色王朝”和”红色王朝“。(图 4-1)

达布里特骑士装(Doublet)

一种叫达布里特的男子紧身短上衣是此时男装的主要上装，衣长及臀，紧身合体，适合骑马穿着，也是骑士装束。达布里特骑士装往往选用质地硬挺、便于塑形的材料制作，通常在肩膀和手臂处填充衬垫，增大了上半身的体积感，尽现男子阳刚之气（图 4-2）。值得一提的是，由于填充衬垫的使用，使得服装的制作在“绱袖”这一工艺上颇费周折，于是人们将衣身与袖子分开裁剪制作，灵活的袖子丰富了衣与袖的搭配，而单独的袖子也成为当时馈赠亲友的尚佳礼品。为了掩饰在袖根与肩缝处往往会出现拼缝的痕迹，人们发明了一种像翅膀一样的月牙形装饰布（Wings），缝在肩头，颇为有趣。

鲜兹衬衫（Chainse）

衬衫是贵族男子的主要内衣，拥有一件白色亚麻或丝绸的衬衫象征着身份和财富，它通常裁剪得非常宽松，领口较低并镶有彩色的饰边。这时的女子内衣也称为“鲜兹”。

肖斯紧身裤 （Chausses）

文艺复兴时期的美男子标准是必须拥有一双匀称、笔直、修长的双腿，这似乎也是男子刚毅性格的象征。因此，男性所穿着的肖斯紧身裤裁剪需非常合体，臀部贴体，长度及膝，略似现代的紧身袜裤，但有一定的填充物。

布里奇兹短裤（Breeches）

除肖斯紧身裤之外，通常在肖斯裤外还穿着造型非常宽松的短裤，类似以后的马裤，称“布里奇兹”，这种裤子备受上层人士的青睐。该裤子常常因塞有填充物显得鼓囊囊的，类似“南瓜”的形状，短裤的长度通常只盖过臀部，使用大量的裂口（Slash）装饰。

长筒裤袜（Hose）

这种裤袜与肖斯紧身裤基本同类，在哥特式时期便有，到文艺复兴时期的男子服装造型强调上重下轻的“倒三角”效果，穿着裤袜既适合体形，又穿着舒适，其颜色通常以白色为主，绣有几何纹样。袜与衣用类似鞋带的吊袜带连接，虽纯属实用，但贵族们常把系带两端加以装饰，使衣服显得更加优雅华丽。（图 4–3）

图 4–3 男子裤装及袜

图 4-4 意大利侍臣肖像，其股袋造型夸张

股袋（Codpiece）

股袋最早起源于德国，后流行于西班牙、法国、英国等地，是文艺复兴时期男子的特殊装饰，其最初的形式是一块楔形布，作用是遮蔽男子的生殖器。然而后来一些大胆蔑视教规的男子刻意用精美的布料来渲染这一性征，不仅将其作成口袋形状挂在两腿之间，还在上面精心装饰，用刺绣、镶嵌宝石、塞满填充物等等手法，以显示男子的雄性力量。（图 4-4）

发式、配饰、鞋帽

年龄较大的男子蓄须，年轻男子蓄须洁面；大部分时间里流行短发，以亨利五世为代表的男子喜留碗状短发。

贵族男子往往会随身腰佩匕首和剑，好戴戒指。常戴面具（Mask），据说是为了掩饰身份之用。

与中世纪哥特时期流行的尖头鞋不同，文艺复兴时期男子流行穿方头鞋，鞋头横宽，内部留有宽松的空间。男子常戴一种大宽檐帽，里面衬一顶软帽，上面往往还有插有装饰性的羽毛。此时还流行一种贝雷帽，饰有皮草镶边。

[阅读资料]

文艺复兴时期的宫廷时尚

16 世纪末精英阶级的服装模式的主导精神，表现为精雕细刻、不厌其烦和巧妙奇特。在文艺复兴时期，人的外表以及对于外表的刻意修饰获得了举足轻重的意义，这个时期对于艺术以及事物的外部结构的创造性构思的重视程度也史无前例。男人和女人的衣着风格，“此时就发生了两极分化：男子的服装尽量追求富于进取精神的男子气概，其突出的表现是在肩膀上，另外受到高度重视的还有窄窄的髋围、肌肉发达的双腿和有衬垫男子紧身裤的饰袋；与此形成鲜明对照的则是棱角分明的女性的服装，比如均衡对称的穿在上衣或连衣裙外面、前胸扎带子的妇女紧身马甲和长及地面的连衣裙”。

男子和妇女的衣服制作精细而且一律紧绷绷的——不论男女，脖子都被白领勒得死死的。在所有富有的男性与女性的衣服上，都可以看到刺绣以及为了让不同颜色的衬里显露出来而设计的开衩切口。这种风格一直保持到 17 世纪早期，裁剪和颜色上的一些变化使得时尚的流行“似乎建立在他们的自我克制的动力上面”。伊丽莎白时代的人们对服装上的这些细枝末节十分讲究，几乎无所不用其极。衣着由复杂的规则统辖着，这些复杂的规则既有秘而不宣，也有公之于众而毫不隐晦的，只有那些斯文高雅之辈才能破译这些规则的灵活精

妙之处："伊丽莎白时代那些遍及全社会的服装的公开与间接的象征意味的重要性，是无论如何估计也不会过分的。"衣着无关乎个人的选择，而是"被看做是被理解为一整套复杂的可见的形式规则"……

身体消失在衣服里，衣服和身体了无干系；四肢的线条与轮廓几乎完全被遮掩住了。

——[英]乔安妮·恩特维斯特尔．时髦的身体[M]．桂林：广西师范大学出版社，2005.112

女子服装

女子服装主要是裙装，色彩比较多样，除了受西班牙风影响流行穿深色系衣裙之外，亮丽的颜色如绿、红、黄等色也使用广泛。衣料的种类很多，比如天鹅绒、提花织锦、缎子等，一些极具东方味道的图案在当时的服饰上多有出现，如荷花、棕榈叶等。

罗布长袍裙（Robe）

女子在这一时期的主要外衣是连体的袍式长裙，称罗布。下摆宽松，亦是贵妇的庆典服装。领口通常开得很大，领型丰富，如一字形、U 字形、V 字形等。裙子的上下身分开裁剪后再缝合拼接，腰节线往往很高，为了强调细腰效果，上半身的腹部呈非常尖锐的三角形，下半身是造型的重点，穿多层衬裙或撑架裙，罩裙用料华丽，常使用厚塔夫绸、织金锦等。值得一提的是，罗布长袍裙的裁剪已经上下分离，显示出其多部构成的特征。内衣（Chainse）多为白色亚麻衣料，当时的人们在设计外衣时，为了满足身体机能性的需要，往往在关节处（肩、肘）留出缝隙，并用绳带相连，而白色内衣的穿用正好与华丽外衣面料相搭配，满足了视觉的需要。裙袖在臂根处流行加入填充物，其填充方式富有变化，有三种基本造型：一是泡泡袖（Puff Sleeve），只在袖山处填满鼓起，上臂和前臂部位都非常合体，像一个巨大的泡泡；二是羊腿袖（Gigot Sleeve），因为这种衣袖的造型是从袖根到袖口逐渐变细，酷似羊腿而得名；三是莲藕袖（Virago Sleeve 中译亦称"糖葫芦袖"），被填充的袖子部位一截一截，很像莲藕（或似中国的"糖葫芦"）， 因此得名。（图 4–5）

图 4–5 16 世纪末期英国伯爵夫人像

西班牙撑架裙（Farthingale）

据史料记载，撑架裙最早于 1468 年出现在西班牙的宫廷，呈钟型，称为西班牙式的撑架裙（Spanish fathingale，又译"法勤盖尔"）。女装首次对裙子进行夸张的扩张，西班牙撑架裙其实是用鲸须或藤条做成的，在撑架裙上覆盖层层华丽

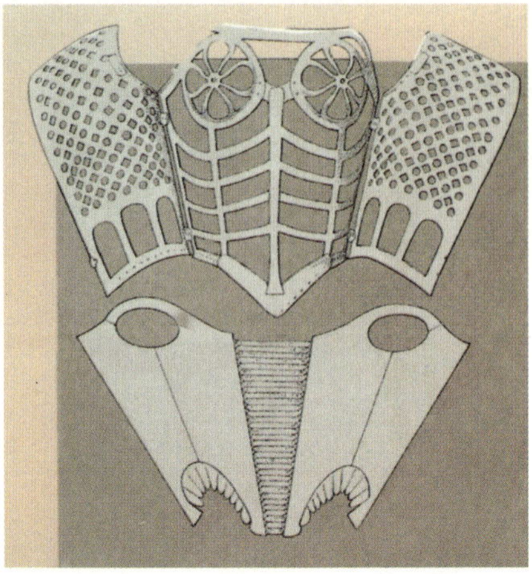
图 4–6 紧身胸衣展开图

图 4–7 伊丽莎白一世少女时期装扮，身着紧身胸衣与撑架裙

的裙子，这种由撑架裙塑造的宽大裙子也是以后欧洲女装中的重要形式。

随后撑架裙在欧洲各国起起落落流行并演变，其造型略有不同，但作用相同，为了夸张女性纤腰丰臀的沙漏线条，故以此扩张裙子下摆的宽度。撑架裙的称谓在各国或不同时期都有不同，但形式基本一致。1530 年左右，法国出现了一种类似轮胎形状裙撑的撑架裙，撑架裙流行到英国后，变成左右横宽的式样，材料多取自柳树枝、藤条、鲸鱼须等。撑架裙一直被沿用到 19 世纪末，它体现了人的意志而创造了丰胀的裙体，塑造出女性奇特而美妙的造型。至今，设计师中仍有人钟情于撑架裙造型的裙身塑造。

西班牙紧身胸衣（Basquine）

紧身胸衣是文艺复兴时期女服中的又一大发明，其功能主要用于整束胸腹，营造丰胸细腰的效果。作为撑架裙的孪生姐妹，两者的搭配建立了文艺复兴之后西方女服的审美传统——细腰丰臀。虽然紧身胸衣的形式基本雷同，但在不同时期的名称略有不同，故将此时的紧身胸衣称之西班牙紧身胸衣。最早的紧身胸衣可以追溯到中世纪的拜占庭，女性因参加骑马、跳舞等剧烈活动的需要，开始用绳带勒紧衣服。后来，紧身胸衣的形式压过了其功能性，人们开始使用僵硬的材料来塑造胸部和腹部，使胸部上挺、腰部紧细，女性的身体也因包裹而变成了漏斗型。紧身胸衣的材质一般是布料、麻衬和鲸须，但为了追求束腰的效果，还曾出现铁质的紧身胸衣。当时曾有人同情地谈到这种服装：身子被可怕地紧箍着，女士们就像烈士们为信仰献身那样，为了虚荣而不得不忍受痛苦。（图 4–6）

紧身胸衣和撑架裙，构成了西方女装的人为化的造型基础。它使腰、臀、胸成为女性美的集结地，为了强调细腰，紧身胸衣外罩的前襟往往呈长尖状，一直延伸遮盖到腹部，裙子则在其下膨胀鼓起。在这个基础上，女装变化着装饰的细节。（图 4–7）

衬裤 (Draws)

文艺复兴时期的女子已经可以参与骑马、狩猎等户外运动，为了防止大腿的暴露，常在裙内穿着衬裤，其长度通常在小腿中部，采用棉或麻纱等柔软织物来制作。据说法国国王亨利二世的妻子凯瑟琳·德·梅第奇（法语名 Catherine de Médicis）是最早穿着衬裤的女子。

发式、配饰、鞋帽

女性们喜欢用珠宝装饰自己，尤推崇珍珠，它被认为是女性纯洁的象征。除此之外，首饰如戒指、耳环、项链等作为艺术品备受人们喜爱。

女性常常模仿古希腊女子的发式，将头发高高绾起，束成高高的发髻，流行烫发和染发，伊丽莎白女王一世的浅红发色就曾引发贵妇竞相模仿。（图 4–8）

苍白的面色在文艺复兴时期被认为是完美女性的象征，因此白色的脂粉和红色的油彩非常流行，女性们还喜欢在白色的面部点一些黑色的斑点，称为“美人斑”，据说其作用是为了进一步突出面色的苍白。为了遮盖身上的异味，香水在当时大量应用。

图 4–8 佛罗伦萨美人西蒙娜塔 · 维斯普奇的肖像画

女子流行穿一种“高跟鞋 (Chopin)”，由于当时女裙的宽敞肥大，人们为了协调上下身的比例，采取了穿高底鞋的方法来达到拉长腿的效果。这种厚底鞋通常为木底，高度在 20–25 厘米，最高可达 30 厘米，鞋子做成无后跟的拖鞋状，鞋面的材料往往采用耐用的皮革。这种鞋式与中国清代满族女子的花盆底女鞋有异曲同工之妙。（图 4–9）

图 4–9 女子厚底鞋 chopin

手帕由最初的实用功能慢慢演变为贵族装点服饰的必配品，法律禁止贫民使用。这时出现了各式各样的手帕，如丝绸、亚麻材质，多镶有花边和流苏。

地理大发现让欧洲的探险家们从东方带回了折扇，其点缀服饰的功能更远甚于纳凉本身，甚至在一些富裕的家庭里面，扇子成为女儿出嫁的嫁妆之一。在传世的多幅伊丽莎白女王一世的画像中，都会看到她手执折扇的形象，可见女王在当时对东方折扇的青睐。

[阅读资料]

紧身瘦长的哥特式风格服饰被淘汰了，靠瘦削的衣服来体现身材的时代也告一段落了。文艺复兴时期平等的流线型服饰取代了中世纪垂直的衣装风格。无论男人还是女人，都在肩上披上了一层厚厚的丝绸锦缎或天鹅绒。而贵妇人为了显示自己的高贵风度与衣着风尚，在她们的紧身胸衣里又加了很多的棉布衬子。我不擅长描绘这种事情。也许你小时候在家里的阁楼里乱翻时，会在衣架上看见过一个样子滑稽可笑的衬垫，这是祖母早年的东西，出于无聊的好奇心，你一定会去问你那位慈祥的祖母那是什么玩意儿。后来才知道，那是祖母年轻时穿裙子时的裙撑。上个世纪 70 年代的姑娘们如果要穿裙子必须要用上这个东西，它可以突出身体的一部分，显得更加的丰满有型。可是今天，风潮又变了，我们不喜欢那种丰满状了，竭力保持身体的平直型。16 世纪的裙撑是种很荒谬

图 4–10 弗朗西斯一世肖像 奢华的衣料是意大利风服饰的主要特色

的装饰，使髋围成了一种 roulade（肉卷）型。这使得那个时代的裁缝做裙子要多费许多的布料。当然，这对纺织厂老板和那些最富有的、颇具影响力的政客是求之不得的事。几年前，法国的成衣商曾经试图再次兴起这种十分耗材的着装式样，以振兴里昂市急需刺激和促进的纺织业。但是，世界其他地方的人们却对这个式样的复兴并不感兴趣，他们拒绝了这种旧式样，因为它的袖子像个棉花卷，比一般的衣服多出 4 倍的尺寸。穿着这样的衣服，连相貌最普通的妇女也会显得与众不同。

——房龙．人类的艺术．第 2 版．西安：陕西师范大学出版社，2008，299

时尚的流行与传播

文艺复兴时期人们开始追求流行时尚。势力强大的欧洲皇室与贵族令服装越来越华丽，而中产阶级的兴起，也加快了时尚的脚步，驱动了时尚的流行。先是始于意大利，后随着交通而流行到西欧各国，德意志、西班牙、英国、法国都曾紧追着这个时尚中心。西欧各国在不同时期的政治角色中突起，也形成了各国时尚独领风骚的局面，与此同时，宫廷政治联姻的影响，又让时尚相互交融。

这时期主要有以下几大风格流行时期：1．意大利风时期；2．德意志风时期；3．西班牙风时期。

三、意大利风服饰

意大利是欧洲文艺复兴的发源地，时尚也从意大利开始流行。当西欧的其他国民还沉浸在中世纪哥特风的服饰风格之中时，意大利人已经穿上了裁剪精到、优雅奔放的新式服装。其最典型的特色就是奢华衣料的应用，精美的提花织锦、锦缎、天鹅绒和精巧的蕾丝花边等成为人们时尚衣料的首选。另外皮草在文艺复兴时期服饰中也颇为流行，各式各样的貂皮、松鼠皮、狐皮、兔毛……作为饰边出现在人们的时装上（图 4–10）。而在意大利佛罗伦萨的城市大行会，羊毛商、丝绸商、呢绒厂主、毛皮商的地位非常显赫，被称为“肥人”。

中世纪十字军东征以后开辟了东西方的贸易之路，也为西方带来了东方的丝绸织造技术。从前只能进口的昂贵丝绸，当时已经可以在欧洲自主生产，并且随着纺织工人手艺的日益精湛，织物的做工也越来越精巧，物质的丰富极大程度地刺激了奢侈衣料的消费。而富有的意大利人对限制过度消费的法令置若罔闻，不断地尝试最新、最奢侈的装饰风格。现今人们依旧可以从意大利文艺复兴时期留下的绘画、装饰等历史遗存中一睹意大利风时期服饰的华贵、绚丽与繁荣。

四、德意志风服饰

德意志风服饰最初模仿意大利，后慢慢形成自己独树一帜的风格。其中，裂口装饰（Slash）是最具典型特色。在众多文艺复兴时期的人物肖像画中我们往往会看到在着装者的上衣、裤子、手套、帽子，甚至鞋子上都装饰着或横或竖或斜、或大或小、或宽或窄的裂口，裂口两端通常还缝缀着各色的宝石和珍珠，透过外衣的这些剪口，能看到里层衣物的鲜亮色彩，这种“破坏性”的装饰手法后流传到欧洲各国，成为文艺复兴晚期男女服装中最时髦的装饰。（图 4–11、图 4–12）

图 4–11 有裂口装饰的女装

裂口装饰 (Slash)

有关裂口装饰（又译：切口）的起源有两种说法：

1. 据传，在 1477 年，瑞士军队远征打仗，幽默的瑞士人把战败国的帐篷、旗帜、军服撕成条状来填补自己破损的军服，不料却取到了服装材料上及色彩上的特殊对比效果，德国人觉得瑞士军人这种装饰手法非常有趣，也刻意在自己的衣服上剪开口子，有意将内衣的里子或白色的衬衫显露出来，于是形成了后来风靡欧洲的裂口装饰。

2. 德国士兵认为在战服上留下刀剑的划痕，是一种显示作战威猛勇武的炫耀方式，因此常在军服上刻意留下撕裂口子的装饰，后来这种裂口的开缝装饰从军队慢慢传到了宫廷和民间。

图 4–12 穿裂口装饰的男装

五、西班牙风服饰

16 世纪，随着西班牙无敌舰队的强大以及海上探险的新发现，原本处于地理边缘的西班牙一跃成为世界的中心，国力的强盛造就了新一轮的服饰时尚，在西班牙国王的强制推行下，色彩凝重、式样拘谨刻板而做工精细的西班牙风格服装流行于欧洲各国，其特色除了女装中使用紧身胸衣与撑架裙之外，还有在男女装中使用填充衬垫和拉夫领。

填充衬垫（Pad）

填充衬垫的使用也是这一时期服饰的主要特征。人们使用干草、棉絮等作为填充物，在上衣的肩部、胸部、背部、手臂以及男子短裤的裆部等处加以填充，使之膨起。填充后的衣物非常有型，加强了服装的塑形效果，尤其是男装，看似宽阔的肩膀、丰厚的胸肌和手臂，倍显男子的阳刚之气。但是，过多地使用填充衬垫，则造成了衣服的僵硬、厚板，大大妨碍了人体的运动，形成了僵化的人物形象的模式，但这一特点也恰恰反映了文艺复兴时期人们的审美标准：人们评价他人的标准首先是人的服饰形态而不是人的本质形态。（图 4–13）

图 4–13 填充衬垫的使用彰显了雄性力量

图 4–14 女装中的拉夫领

拉夫领（Ruff）

拉夫领是此时服饰中相对独立的一个配件，是一种围于颈项的轮状皱领，流行于当时男女贵族及富人服饰。早在德意志风时期，人们就喜欢用束带把衬衫的衣领尽量朝颈部拉拢，形成褶皱。发展到西班牙风时代，领子完全脱离了衬衣，可以独立制作和拆卸。拉夫领发明后，很快风靡欧洲各国，成为贵族们正装中必不可少的一部分（图 4–14）。制作拉夫领往往需要长度为 5–6 米的亚麻布或轻薄的纱罗织物，根据审美需要制成或宽或窄的折痕效果，再经过浆洗，显得非常硬挺。过于宽大的拉夫领下常用铁丝加以支撑，虽看上去很不舒适，但能令人感觉穿着者的体态非常挺拔。当然，这种僵硬的领子也给人们的生活带来了许多不便，比如吃饭时会阻碍餐具的正常使用等，据说当时的人们为了适应拉夫领，特意将叉、勺制成长柄，可见这种领子备受人们青睐（图 4–15）。

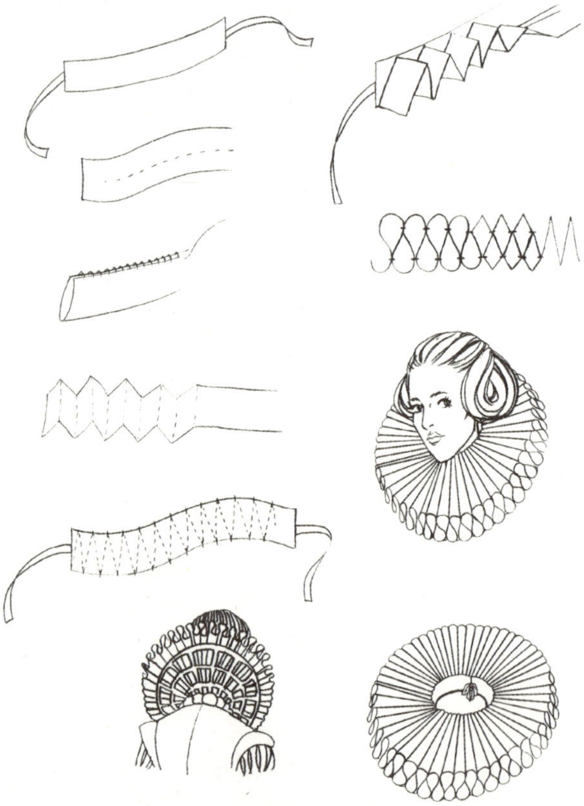

图 4–15 拉夫领制作方法

[小资料]

英国国王 VS 时尚典范

16 世纪的英国可以划分为两个重要的时期，亨利八世与其女儿伊丽莎白一世统治时期，他们都非常热爱艺术，赞助了众多画家、雕刻家、文学家等。艺术的繁荣使英国紧跟时尚的步伐，而两位国王的穿着亦成为时尚的典范。

亨利八世凭借宗教改革改变了英国命运，使其从一个偏远蛮荒及以暴政著称的小国发展成为在欧洲颇有影响的国家，而他本人也是英国时尚先驱，其穿着打扮被当时男子竞相模仿。如亨利八世肖像画，他头戴镶有裘皮饰边的贝雷帽，身穿塞有填充物、镶满宝石的上衣，倍显肩膀的宽阔和体魄的强健，下身穿着紧身裤，突出的股袋炫耀着男性的性征和强健的体魄。（图 4–16）

图 4–16 亨利八世肖像

另一位英王伊丽莎白一世统治的 45 年，被称为"英国的黄金时代"。伊丽莎白女王在服装上的形象通常非常硬朗，她常穿着镶嵌珠宝的华贵服装，带着侍臣，乘着气派高雅的四轮马车，到英国各部去巡视。流传至今的《西班牙无敌舰队肖像画》中伊丽莎白高梳起浅红色的头发，身穿深色长裙，硕大的羊腿袖上镶满了她最喜爱的珍珠，脖颈处有双层领子，小巧的拉夫领下是以她的名字命名的"伊丽莎白领"。据说这种领型由女王为遮蔽脖后的疤痕而最早发明，这时期的拉夫领也逐渐趋于轻巧并加以蕾丝装饰（图 4–17）。在伊丽莎白统治的最后十年里，英国的时尚又出现了服装上自然主义倾向的特征，具体表现为外表的不修边幅等特征。

图 4–17 伊丽莎白一世肖像

[阅读资料]

The Fashions in Renaissance and the Sixteenth Century

The Fashions, and art forms generally, of the Gothic North had never been fully accepted in Italy, and by the middle of the fifteenth century Italian modes had already diverged considerably from those of the rest of medieval Europe. In their style of headdress, for example, the fine ladies painted by Vander Weyden in the Netherlands and those painted in Italy by Ghirlandaio were very different. Elaborate bourrelets (stuffed and padded hair-styles) were draped with veils in the North, whereas hair-styles were much more natural and less formal in Italy; yet the fashion for plucking the hairline to give a high forehead was universal. Different too was the cut of the sleeves, close-fitting in the North, swelling out in Italy, with slashes through which the white chemise could be seen. Often the sleeves were made detachable, and were heavily decorated–a reflection of the enormous increase in luxury brought about by the mercantile prosperity of the Italian cities.

The invasion of Italy by the French King Charles VIII doubtless introduced the Italians to French fashions, but in general the influ-ence was the other way. The Renaissance was, so to speak, trans-planted over the Alps, and if Charles VIII was still a medieval king, Francis I was a Renaissance monarch.

So, in England, was Henry VIII. It is true that the reign of his father, Henry VII, had already seen many modifications in medieval costume. The line, instead of being vertical, was now horizontal; the shoes, instead of being excessively pointed, be-came broad-toed, as if to echo the new style of architecture with its flattened arch. Ladies' headdresses ceased to be replicas of Gothic pinnacles and began to resemble Tudor windows. And with the advent of the new century a curious Germanism began to influence the dress of the fashionable in both France and England.

Much has been written about this strange development, but contemporary chroniclers are almost unanimous in ascribing it to the victory of the Swiss over Charles the Bold, Duke of Burgundy, at the Battle of Grandson(1476). Much plunder of silk and other costly materials fell to the victors, who slashed the booty to pieces and used it to patch their own ragged clothes. The Swiss troops were copied by the German mercenaries, and from them the fashion spread to the French Court, probably introduced by the Guise family, itself half German. The marriage of Henry VII's sister Mary to Louis XII of France caused the English to adopt the landsknecht fashion also.

[摘译]

文艺复兴与16世纪的时尚

文艺复兴时期，时尚在欧洲各国之间轮流更替。在15世纪中叶，意大利风格已经与中世纪欧洲其他国家分道扬镳，比如头饰、发式、袖子的剪裁方法等等。但随着法王查理八世对意大利的入侵，人们接受了来自法国的时尚；在英国，亨利七世、八世父子统治时代，衣服与中世纪服装更为大相径庭，如廓形不再是纵向延伸而是横向发展，鞋子由尖头鞋逐渐变为宽头鞋等。随着新世纪到来的德意志风，裂口装饰开始影响英法时尚。

—James Laver.***Costume & Fashion***.first published in Great Britain in 1969

思考题

1. 所谓文艺复兴，体现在服装上，“复兴”的本质是什么？
2. 文艺复兴时期服装的主要特征有哪些？
3. 紧身胸衣和撑架裙对女装造型起到了哪些作用？

第五章 巴洛克时期服饰

17 世纪的欧洲进入了一个重要的历史变革时期。新兴资产阶级与封建贵族、新旧宗教教派之间展开激烈的争斗，政治、经济和意识形态都面临新的变革。“巴洛克”作为当时繁荣于欧洲 17 世纪的一种艺术风格，涉及建筑、绘画、文学、音乐等多个领域，对欧洲社会有着巨大影响，这时期服装同样反映了当时社会的审美情趣。气势宏伟、线条优美、富丽豪华的巴洛克风格，使这一时期的服装样式呈现出一种柔美而奇异的特性——奢华、夸张、繁复。浪漫的蕾丝、花边、羽毛都成为打造温情脉脉的绅士的重要装饰物。然而男子服装三件套的雏形在此时出现，法国在这时期奠定了其在欧洲艺术与时尚的中心地位。

一、17 世纪欧洲历史背景

17 世纪的社会政治和生活如这一时期的艺术形式同样不平凡。16 世纪发生的宗教革命令欧洲人的思想为之一震，文艺复兴以来表现出的人本主义思想日趋深入人心，欧洲的精神领域正一步一步摆脱神的束缚，教会分裂了，资产阶级启蒙思想的晨光也开始闪现。30 年的战争（1618–1648），欧洲几乎所有实力雄厚的国家都卷入其中，催化了欧洲社会的分化。随后，荷兰摆脱西班牙的统治，率先建立了第一个资本主义国家；英国经历一个世纪的反复斗争，也加入了资本主义社会的行列；而法国则继续强化着君主专制政体，王公贵族们依旧追求着奢侈时髦的生活。

巴洛克（Baroque）一般被认为源自葡萄牙语 barroco 或西班牙语 barrueco，原意指外形诡异、有瑕疵的珍珠。该词是18世纪学者批评17世纪艺术风格中违反自然和古典标准的做法。直到19世纪末，海因里希·韦尔夫林对巴洛克风格作了系统阐述，“巴洛克既不是古典艺术的复活，也不是古典艺术的衰落，巴洛克是一种完全不同的艺术。”巴洛克才被公认为一种艺术风格。其特点是：过分奢华的装饰，自由流畅的线条，平坦弯曲的外形，气势雄伟，气氛紧张，动感强烈，光影丰富，打破各种艺术界限，讲求装饰，感情色彩强烈。从巴洛克的著名艺术家鲁本斯和贝尔尼尼的作品中可以看到，巴洛克的艺术家擅长描绘充满活力和动作显著的人物，呈现出一种倾斜的动感，运用变换透视效果展现无际的幻觉，力图表现无穷感。强调人为光线的运用，而非自然光线，追求一种戏剧化的夸张效果，不拘泥于不同艺术形式之间的界限，将建筑、雕塑、绘画等艺术融为一体。

对17世纪服装的研究的史料大部分来自艺术品，这些艺术品有人物肖像也有表现日常生活的绘画。荷兰画家伦勃朗就喜欢让画中的人物穿得像他收集的一些玩意。在贡布里希《艺术的故事》中提到：“凡·代克的助手们按照放在化装假人上的服装画好被画者的服饰，甚至头部也不总是完全由他动笔。那些肖像画中有一些近乎后世美化的时装假人，令人不舒服。”由此可见，我们所研究的艺术品中的服装，不仅是当时人们亲眼所见的，或多或少地也加入了艺术家的构想。当然，这些艺术作品中的服装必然反映了当时人们的着装的审美趣味。

二、巴洛克时期服装

虽然没有严格意义上的所谓巴洛克服饰，但借助这个艺术风格流行的历史时期，服饰也与当时的审美趣味、艺术品味相一致。17世纪的欧洲，随着政治、经济、文化中心的转移，尤其是受文化艺术的巴洛克风格影响，当时重要的艺术中心也成为时尚服饰的中心。在17世纪的上半叶，荷兰的资本主义经济发展迅速，其文化艺术也获得长足的进步，荷兰画派的崛起，大批荷兰画家成为巴洛克时代的中坚画家，这些画家同样记录了这个时期的荷兰风格的服饰，也就是史称荷兰风时期。

17世纪的法国皇室从16世纪以来打下了稳固的经济基础，同时其艺术创作上伴随法国君主的嗜好，使法国逐渐成为了欧洲新的艺术中心，与之相匹配的是法国的服饰。法国皇室与贵族的服饰成就了17世纪下半叶的辉煌，同样也是巴洛克艺术风格在时尚上的显现。这时的服装风格有着像巴洛克艺术那样的瑰丽、奢华和冗繁的装饰，这就是这个世纪下半叶的法国风时期。

[小资料]

高档纺织品生产的进步主要体现在生产工具的逐渐更新和改进上，人们通过使用一种手工提花织机，织出图案精美的丝织布。这种提花机被认为是中国人发明的，并且在中世纪晚期开始在意大利使用。它在织布时，需要一个男孩坐在机器头上，手动升降纱线装置来织出花纹。大约到了1600年，机器得到了改善，男孩只需要待在机器旁边来提升提花机，便可以织出比以前更加复杂的图案。科技上的进步，带动了人们对华美服饰的追求。

三、荷兰风时期（17世纪上半叶）

17世纪初荷兰从西班牙的统治中解放出来，结束了两国的战争，并依靠制造业和海上贸易渐渐成为海上霸主，建立了第一个资本主义国家——荷兰共和国。当时荷兰商人的身影遍布世界各地，波罗的海国家的谷物和木材的四分之三、瑞典出口钢铁的一半，都由他们垄断。

逐渐成为世界经济中心的荷兰，在服装样式方面也慢慢地摆脱西班牙的影响，荷兰人把上世纪西班牙风时期的分解的服装部位重新组合，变僵硬为柔和，将锐角拉平为圆弧状，整体感觉从紧缚走向了宽松，取代西班牙成为服装的时尚掌舵人。服装逐渐摆脱僵硬和繁复装饰的传统，荷兰的资产阶级抛弃了拉夫领、填充衬垫等。当僵硬的风格受到了摒弃之后，过度的装饰也就不再时髦了，长而笔直的大开口也被小开口所取代。也许可以这么说，荷兰风那样的实用化、市民化服装正是男装现代化进程的发端。

但是，这种服装样式的变化并不是在转瞬之间发生的，它经历了一个相当时长的变化。男装1620年之后才有了显著的变化，但是女装最初仍然保持原来的风习，直到17世纪30–40年代，男女装才真正呈现出荷兰风的特质。荷兰风时期男子服装先于女子服装向实用化的方向发展，便于活动的骑士服成为一种时髦。当时的男子流行留长发（Long look），衣服上装饰大量的花边（Lace）和广泛采用皮革皮具（Leather），因为在英文单词里皆有字母“L”，所以荷兰风时期也被称做“3L”时代。

男子服装

拉巴领（Rabat）

大约在1615年，原先流行的那种大而僵硬的拉夫皱领日趋衰落，取而代之的是一种不上浆的柔软下垂的大翻领——拉巴领。所谓拉巴领是用花边或者带花边的亚麻布制成的，通常由美丽的蕾丝作装饰，这种迄今仍为人称道的北欧手工艺，在当时广泛运用于男女贵族的领饰上。拉巴领不仅流行于荷兰，在法国也受到了很大的追捧，由于路易十三对这种领式的钟爱，所以也被叫做“路易十三领（Louis XIII collar）”。这种领子还因为画家凡·代克常常画入其肖像中，而又被称作“凡·代克领（Van Dyck collar）”或垂领（Falling band）。

达布里特骑士装 (Doublet)

在荷兰风时期的实用和节俭的观念指导之下，原来的达布里特装中的填充物被取消了，男子外穿的达布里特骑士装变长，盖住臀部，肩部成为大斜肩，腰线设置在自然腰线上。在腰际线下方成波浪状的下摆（Peplum），常常是裁成几片的小垂片，看上去像是相对独立的附加衣摆或者是系在腰上的褶襞短裙。有些骑士装有裂口装饰，露出里面的衬衣或者彩色里布的颜色，袖口也会装饰着蕾丝花边或者露出衬衣作为装饰。（图 5–1）

马裤（Breeches)

荷兰风时期，男子裤式有了重大变化，原来的袜裤式渐渐被半截裤取代，裤长及膝，亦称马裤。该裤变得宽松，裤子从腰下一直长及膝盖，在膝盖上用吊袜带或缎带扎口，收拢在膝部，装饰蕾丝或缎带。在 1640 年前后，裤子趋长，及腓部，成为欧洲最早的男长裤 (trousers)。（图 5–2）

图 5–1

图 5–2

图 5–1 汉密尔顿第一公爵肖像，身穿达布里特骑士装和马裤
图 5–2 1640 年前后，裤子长及膝盖

[阅读材料]

17th Century Fashion Changes in Holland

At the beginning of the century some features of Spanish Renaissance women's costume–straight bodice and fathingale–were pre–served more strikingly in Holland than in France: the ropa became the vlieger, a full, open–fronted garment. The front part of the bodice, which was richly decorated and embroidered, formed a bowed curve in front, hightly fashionable from 1620 to 1635. The gown opened down the front and was sometimes canght up to show the petticoat:it tended to broaden the general outline. The tradional local head–dress was often supported on a metal hoop. Men still wore Spanish doublets, short trunk hose and later long, loose breeches, and wide–brimmed or cylin–drical hats.

As in France, Dutch men's costume showed a very noticeable change between 1620 and 1635, and this gradually spread over the rest of Europe: doublets became shorter and tighter and short breeches supplanted the old trousses and trunk hose. These breeches progres–sively lengthened to give the silhouette a long, vertical line finished off by moderately flaring boots. The cloak was still worn, but as a cape.

About the same time women's costume became more slim and elegant. It discarded the last details of Spanish costume that had been preserved during the first quarter of the century: the ruff, the straight, stiff bodice, the farthingale (in Dutch, fardegalijn) and the bell skirt, adopting instead the plain standing or falling collar which still covered the throat, the full, short, hight–waisted bodice, three-quarter sleeves and the looser, softer open gown. Several types of cloak were added. One type of Dutch garment never worn in France was the huik,a large black veil enveloping the wearer from head to foot, which in Spain became the typical garment of the duenna.

[摘译]

17 世纪荷兰的时尚变迁

17 世纪的荷兰男子一改文艺复兴时期的样式，穿上了达布里特骑士装和马裤，尤其是在 1620—1635 年，男装发生了显著的变化，使得荷兰男装独树一帜，并在 17 世纪上半叶引导了整个欧洲的男子时尚。荷兰女装早期仍然沿袭着西班牙女装的特征，只是胸前的装饰更加丰富了。随着男装的不断发展，女装也变得优雅、修长了，并且出现了一种用黑色面纱从头罩到脚的女装样式。最终这种奇异的服装演变成西班牙家庭保姆的特定服装，而且法国女性是绝对不会穿的。

—Francois Boucher. ***A History of Costume in The West*. *New York:*** Thames and Hudson Ltd,271-273

图 5–3 低胸、高腰的罗布长袍裙

女子服装

巴洛克时期的女装摆脱了西班牙服装的僵硬感，呈现出圆润、丰满的造型。1628 年威廉 · 哈维发现了人体的血液循环，引发了人们对紧身胸衣的思考，紧身胸衣的使用导致了女性身体不适，并影响其健康。于是荷兰人抛弃了紧身胸衣，同时也放弃了西班牙式的裙撑。

罗布长袍裙 (Robe) 等

这个时期女装中罗布长袍裙依旧是主要的服装，这种连身的袍状裙颇为贵妇喜欢，宽大的下摆可以容纳多层裙子，以服饰彰显地位财富的罗布长袍裙可以炫耀其穿着的多重裙子和华美的衣料及装饰。

当时流行的是三层裙：最里层的裙子色彩鲜艳、明亮，中间的裙子色彩相对里层的比较沉着，看起来也比较稳重，外层的裙子用色彩柔和的轻薄面料制成，三层裙子由内向外重叠穿，营造出女性丰满的形象。也可以是最里层的裙子和最外层的裙子的两条裙子的组合，这种裙子的搭配方式富于变化又体现出一种含蓄之美，外层的裙子质地轻薄，隐约透出里面裙子沉重的色彩。从这时期荷兰画家的肖像画中可以看出，当时的女装华美、俏丽，没有了过去的造作感，有了较为自然丰满的荷兰风格，领口低坦，领子和袖子装饰蕾丝，细节讲究（图 5–3）。女装多用轻薄柔软的绸缎，而不是华美沉重的织锦，用鲜艳的颜色进行搭配，具有鲜明的视觉效果（图 5–4）。

图 5–4 从奢华的蕾丝拉巴领的装饰中看出穿着者的富有

[小资料]

由于荷兰重视贸易，新兴中产阶级兴起，那些新贵们拥有的服装数量也多得让人瞠目结舌。如，阿姆斯特丹的一个富人家女儿的嫁妆包括 150 件衬衣和 50 余丝巾；据说一个上层社会的寡妇就拥有 32 款不同的拉夫领；一个小镇的市长夫人的服装清单中就列出了 40 条内裤，150 件衬衣，150 个领饰，154 个拉夫领，60 款帽子，92 顶睡帽，20 件非正式场合穿的外裙，12 件睡袍，35 副手套。

四、法国风时期 （17 世纪下半叶）

继荷兰风之后，17 世纪法国逐步取代了荷兰的时尚领导者的地位，开始进入法国式为主导地位的时期。1643 年，年仅 6 岁的路易十四取得皇权，直到 1715 年逝世，在他统治下的 72 年里，路易王室建立起了其他欧洲皇宫不可企及的高贵标准。

图 5-5 路易十四肖像画，其服饰非常考究

路易十四一直奉行着戏剧化的宫廷礼仪和生活方式，宫廷服饰也成为反映其品位的重要手段。男子头戴卷曲的假发，身穿镶嵌着花边丝带的华丽外衣，脚蹬高跟鞋；女子们穿着用丝绸锦缎制成的拖地长裙。路易王室向整个欧洲发出了凡尔赛式的美丽邀请，欧洲的宫廷贵族们纷纷效仿法国，使整个法国成为当时欧洲时尚的中心。（图 5-5）

当时的法国经济繁荣，艺术昌盛。路易国王的艺术情结使巴洛克艺术在法国诸多领域得以发展。巴洛克的宫殿使法国皇室成为欧洲楷模，法国宫廷贵族的巴洛克及以后的洛可可衣着风格，都成为了欧洲的时尚中心。

特别是在 17 世纪后期，法国以铜版画的形式将法国宫廷时装公布于众，从而进一步扩大了法国宫廷服装在世界上的影响力。当时的铜版画就是现在时装画的前身，它担负起了类似于杂志广告一样的宣传和传播服装信息的使命。

[阅读资料]

The Life of French Court

The French court at versailles was the hub of upper class activity. Courtiers lodged either in the Palace, where housing accommodations were neither spacious nor luxurious except for the quarters of the roval family;in their own houses nearby; or in Paris. Those of sufficient rank attended the king at his levee or when he arose in the moring. The king lived most of his life in public, including dressing in the morning. He donned his breeches, then was handed his shirt by the highest ranking person present .Washing consisted of rubbing his face with cotton soaked in diluted ,scented alcohol----washing in water was considered dangerous.(Baths were rarely taken) The rest of his day was just as ritualized, and the activities of each and every person were carefully prescribed by court ettiquette. Rules even governed the length of the trains of dresses ladies could wear. The Queen's train was eleven ells long (one ell equaled about 28 inches), a daughter of the King, nine; his grand-daughter, seven; a princess of the Blood(i.e.,related but not a direct descendant of the King),five; and a duchess, three.

Clothing was one of the major items of expense for courtiers. One writer of the period, St. Simon, speaks of spending 800 louis d'or for clothes for himself and his wife for the wedding of the Duke of Burgundy .One louis d'or is equal to about $5.00, so that St. Simon must have spent around $4,000 for costumes for this one occasion !Obviously not all clothing was so luxurious, nor should it be assumed that this is the cost of one or two items of clothing. The festivities of an elaborate wedding would have required many different changes of clothing.

[摘译]

法国宫廷生活

法国凡尔赛宫是上流社会社交的中心。朝臣都围绕在路易十四的身边。国王的生活几乎是公开的，包括每天早晨穿衣都有各种头衔的官员一旁侍奉，通常由最高职位的官员递上衬衣，并用酒精拭面之后，开始一天仪式化的生活。那里每个人的行为都受到宫廷礼仪的制约，包括女裙摆的长度，所以，服装费用是宫廷生活中的一笔巨大的开支。

-Phyllis Tortora & Keith Eubank.***A Survey of Historic Costume.***New York:Fairchild Publication,149

男子服装

宽松长外套（Cassock）

这种叫克斯考特的宽松长外套最初是作为神职人员穿着，17世纪由英国开始流行。它取代了荷兰风时期男子的达布里特骑士装，最终演变成及膝紧身外套（Justaucorps）。克斯考特长外套是立领、前开门、有纽扣、长及臀部、紧身合体、腰以下自然舒展的男士长外套。

图 5-6　17世纪末的男子形象，身穿鸠斯特科尔紧身外套、折叠式宽领巾，头戴浅色假发

鸠斯特科尔紧身外套（Justaucorps）

这种紧身合体、长度及膝的长外衣，有一个拗口的名称“Justaucorps”，音译“鸠斯特科尔”。其衣长及膝，类似现今短大衣，衣袖和下摆宽阔的男装是17世纪十分典型的男装。其样式的特点是收腰，腰背的弧线凸显男性腰臀曲线。下摆如裙摆一样打开，口袋位置很低，无领，袖子逐渐放大，并且是用纽扣固定的翻袖口。早期的服装前门襟上使用大量的金色纽扣，并用金缏子连接；后期服装取消了金缏子装饰，而是缀上密密麻麻的纽扣，但不全扣上。开衩部位也从两侧转移到了后背中心开衩，紧身短大衣的合体裁剪不亚于女装“省”或“褶”的运用，这种造型也奠定了以后18世纪男装外形的基础。（图5-6）

长马甲（Vest）

一种修长的马甲，原先是英国国王查理二世时期流行的，与外衣等长，后发展成与鸠斯特科尔紧身外套相配的背心，收腰，后背开衩，前门襟和外衣相同也是密密麻麻的一排扣子。起初是有袖的，后来演变成无袖的背心。由于政府禁止在外套上使用太过奢华的面料，所以人们就把华丽的面料放在马甲上。鸠斯特科尔紧身外套和马甲的组合穿法为近代西方男装的雏形打下基础。（图5-6）

宽领巾（Cravate）

这时的贵族男子在服饰的装扮上颇为讲究，一种折叠的宽领巾是贵族男子必配品，用细棉布、细亚麻布或者丝绸制成领巾，把领巾折叠成一定的宽度，然后绕在脖子上，在前面打一个结后，两端自然下垂在胸前。还在上面刺绣花纹，尽显华美。

金缏子（Brandenburg）

它是男装上的装饰细部。这一时期的男装非常注重服装上的细节装饰，习惯在上衣的门襟和扣眼处加金缏子装饰。金缏子是一种由金线或者染成金黄色的线绳编织成的辫状饰带，是一种土耳其人的服装饰带，以后被欧洲国家的军队作为区分军服和军官的等级标志。当时在天鹅绒或者织锦面料上衣中用金银丝刺绣。金银珠宝做成的扣子纯粹是为了装饰。缎带也是打造温情脉脉的男子的重要工具，在膝盖、鞋面上常常缀有缎带的蝴蝶结。

被缎带和蕾丝装饰着的华丽领口、袖口、靴口以及裤口与帽子上的羽毛装饰将男性们装扮成了一个温文尔雅的骑士形象，将男装带进了一个无比辉煌的装饰巅峰。

[阅读资料]

近代男装的雏形

实际上，现代服装产生于17世纪下半叶。那时，一种宽松的带扣的上衣成为最受人们推崇的男式外套。这种尚处雏形的外套最终取代了长袍和衬垫马甲，后者在过去300年里曾是男人们雅致服饰的代表。在这种外套之下，雅致的男士们仍然穿着配以长筒袜的马裤，而不是长裤。但是与先前不同的是马裤不再和马甲用带子系在一起，也不再使用垫料，从而显得比较宽松和舒适。一种带扣的马甲紧随这种外套产生了，而外套又变成半开或全开的样式以迎合备受欢迎的巴洛克效果。这样三元组合的服装就产生了。

软的衬衣领子和袖口取代了以前那种轮状皱领，而且领带第一次出现在人们的颈项之上。这种外套——马甲、长裤配以衬衣、领带的组合（我姑且勉强称为“服装”）就这样开始了其漫长发展历程的早期阶段。在这里我想说明我的一个意见，即现代性的限定因素不是某种织品、布料的使用——尽管它也是“服装”的一种含义，而且今天它已经成了唯一的一种——而应当是抽象的三元组合，以及那种统一的、宽松合身的外形，还有衬衣和领带。

在两个世纪里，绝大多数外套都是用与裤子不同的料子制作的，马甲的用料也不一样。如果它们都用同一种料子制作，这种服装就被称为“同料服装”（a suit of dittoes）。

服装的早期发展和当时新贵族的时尚变化相辅相成。他们都追求一种休闲的衣着效果，而不愿意谨小慎微地捆扎包装，成为摆设陈列，就像过去绅士们身着甲胄状的马甲那样。这其中也包括最早的那种军人式理念成见的暗示：男人服装应当是朴素的、舒适的和实用的，而女人服装则应当是复杂的、变化的和俗气的。

——安妮·霍兰德．性别与服饰．北京：东方出版社，2000，71–72

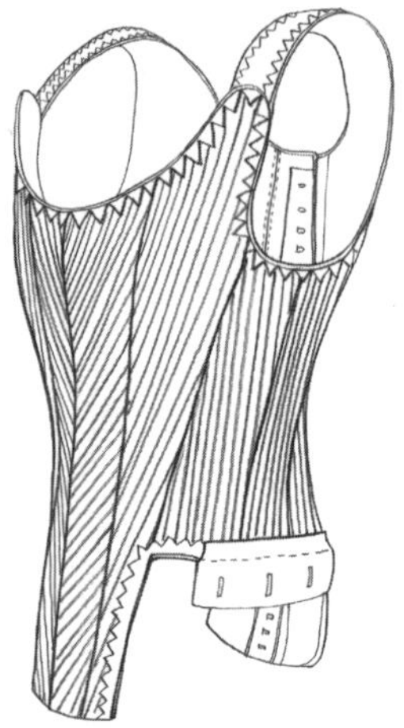

图 5–7 17 世纪晚期的紧身胸衣样式

女子服装

法式紧身胸衣（Corps piqué）

自上个世纪以来，西方贵妇务必穿着紧身胸衣，这种法国的紧身胸衣是一种用鲸须或者藤条做成骨架的改良胸衣，17 世纪中期之后被妇女们广泛穿用。这种胸衣在腰部和胸部嵌入鲸骨，然后包裹绗缝在亚麻布或者丝绸上，穿着要比以前舒适许多，缝线从腰部向下成 V 形张开，露出女性丰满的胸部，低领露肩的造型，用蕾丝和缎带装饰得十分奢华，腰位较低，制作精巧。（图 5–7）

图 5–8 使用臀垫的女服式样

臀垫（Cul de crin）

这是裙撑的另一种变体，其强调女性臀部的丰满和挺翘。用马鬃做的半月形臀垫，在 17 世纪末被妇女们广泛穿戴。使用时将其缀于后腰线位置的裙子下面，夸张后臀部。一些女子还将用厚面料做成的外裙撩起来搁在翘起的臀部上，用丝带固定，裙摆任其拖曳，强化了女子优美的曲线。（图 5–8）

由于紧身胸衣和裙撑再度开始流行，法国风时期的女装不再像荷兰式女装那样丰满圆润，毫不掩饰地强调女性的体态特征，细长的上身和丰硕的臀部被突出地展现出来。随着时间的推移，妇女的服装也越来越精致，衣服上大量的褶皱和繁杂的变换效果为女装增色不少。法国风时期的女装非常流行露肩式的衣身，新风格的服装就是露胸的下斜领口，高腰的长裙和装饰着漂亮的花边、蝴蝶结的非常宽大的短袖。

[阅读材料]

时尚使者

因为荷兰和法国逐渐成为相互制衡的超级强国，在法国宫廷与荷兰的布尔乔亚中间就分别出现了两条时尚演进的路线。荷兰把西班牙的黑白分明的天主教风格带进了下一个世纪——这种风格通过遗传作用渗透进了基督教新教、布尔乔亚和城市的风格，以适合加尔文教派的意识形态。这种风格还延伸到19世纪，成为整个欧洲的布尔乔亚的“制服”，也是意在纠正贵族阶级铺张浪费的努力的一部分。尽管荷兰的节俭严肃的风格继续统治着欧洲的一部分地区，在17世纪中期，法兰西宫廷却作为时尚的一股强劲势力出现了。路易十四宫廷将法兰西宫廷确立为欧洲显贵中间最高的时尚领导者，这一地位一直保持到20世纪中期。路易十四虽然6岁登基，但是“当他成年时，他把整个法兰西引领到了一个前所未有的豪奢辉煌的时期，巴黎在一夜之间成了世界时尚的首都”。豪华、奢靡、精致，以及面料和色彩的出色华美，造就了凡尔赛的风格，这不仅在出入宫廷的显贵们的衣着上体现出来，而且凡尔赛宫本身的建筑与内部装潢就是最好的说明。因其刻有太阳与蛇的徽章而得名的“太阳之王”路易十四，使人们意识到衣着的象征意义。早在1665年，他就认识到时尚对于法国工业的重要性：他千方百计保护法国的纺织业免受在争奇斗妍的时尚工业上足以与之匹敌的意大利和荷兰的冲击，他还特别鼓励法国的丝绸纺织业去和意大利竞争；对外国进口的纺织品与贵重金属课以重税，同时竭力帮助法国制造业，这种政策倾斜无疑大大刺激了法国的时尚工业的发展。不过，正如斯蒂尔所指出的：“单单经济现象并不能解释当时国际化的西班牙式的凝重风格被法兰西的流行时尚所取代的原因。”斯蒂尔认为，比政府支持更重要的是法国宫廷的力量——因为1660年路易十四和西班牙公主玛利亚·特蕾萨的结婚，法国宫廷的力量得到了进一步的巩固，从而带动了17、18世纪的巴洛克风格的极度辉煌。与此同时，黑白分明的衣着风格仍然在欧洲其他地区——尤其是在西班牙贵族以及荷兰与英国的清教徒中间——占据统治地位，路易十四宫廷发布的节制个人消费的法令也一直控制着时尚的蔓延，并且建立了各种复杂的仪礼法规。人们的衣服必须接受严格的限制和一定之规，比如，金和银的装饰品，只能由王室成员以及一部分受到特别宠幸的侍臣佩戴。尽管有这些严格的法规——尽管这些法规事实上也的确放慢了时尚的变化的步伐——法国宫廷的风格还是被整个欧洲所模仿。在那些时尚杂志出现以前的年月里，时髦的纨绔子弟们作为时尚的“使者”到处传播着最新的宫廷时尚。

——乔安妮·恩特维斯特尔．时髦的身体．桂林：广西师范大学出版社，2005，118—119

图 5-9 梳着芳坦鸠高髻、面贴黑色痣的女子

图 5-10 巴洛克时期配饰

发式、配饰、鞋帽

对头发的雕琢似乎是巴洛克时期男子塑造绅士形象的重点，男子总是细心地打理自己的头发。荷兰风时期，男子盛行披肩长发；法国风时期，则盛行戴假发，假发有长有短，烫成卷披在头发两侧。与男子相呼应的是女子高高耸立的芳坦鸠发式（Fontange），为了强调高度也会使用假发。芳坦鸠高髻用亚麻布做成波浪状的扇形扎在头上，或者用蕾丝和缎带衬着金属丝营造高高的头顶形象，还要在上面加上宝石、珍珠，衬托出女性的高贵。（图 5-9）

17 世纪初流行的男子帽顶又高又尖的硬帽子，有适中或者宽大的帽檐。但是到了 17 世纪 30-40 年代的宫廷，则被一种帽顶很低，柔软而硕大帽檐的帽子所取代，帽檐上装饰有缀着宝石的装饰带，帽顶和帽檐边上插着羽毛，并在前边、后边或者侧边向上翘起，成为翘檐帽。最初这种帽子被看做是非常奇特的个性物品，17 世纪 90 年代，这种翻起后边或者侧边帽檐的帽子成了男士们潇洒风度的重要工具。最奇怪的是人们在室内，甚至吃晚饭的时候也要戴帽子，唯一需要摘帽的时候是见到国王的时候。帽子成为绅士们所接受的主要头饰。

长及肘部的手套是女子重要的装饰物之一，丝质或小羊皮的精致长手套是女性的优雅象征。当时，还有专为女性设计的暖手笼，手笼的材质很丰富，不但有丝织的、天鹅绒的、绸缎的、毛皮的，还有其他用毛皮饰边的面料的。女子不但要在自己身上装饰项链、手镯、耳环和戒指，还要在腰上挂银链子，系着镜子和装有香味小球的装饰盒。花边扇和中国阳伞也成为女性出门的必备装饰物。男子也毫不示弱，项链、吊坠、戒指，都是他们展现财富与优雅的重要道具。（图 5-10）

男女流行高跟鞋

在 17 世纪前半叶，男子以穿靴子为主，不仅在骑马的时候和外出的时候都会穿着，甚至在相当正式的场合也会穿着。靴口敞得很大，像一个宽大的杯子，装饰有蕾丝边，或下翻，靴尾装有马刺，靴头有圆、有方，高舌，非常具有装饰性，在英武中流露出温情脉脉的柔美。可是到 17 世纪 60 年代，时髦的男士们只有在骑马的时候和糟糕的天气里才穿靴子了。

高跟鞋始于 17 世纪，通常，鞋子用缎带制作成的数量庞大的玫瑰花饰拥簇着，还有蕾丝和金属亮片，这使得鞋子造价极为昂贵。在穿着当时时髦的服装时，脚蹬高跟鞋再适合不过了。因为女鞋几乎都被长裙遮盖住，因此女士的鞋子要相对简单一些。尖头的高跟鞋成为女性的新宠，鞋子前头弯曲，鞋舌很高，扣带窄，扣结小，扣带上缀有宝石，鞋面和饰物多用缎带、织锦、花布做成蝴蝶结状。男高跟鞋的使用似乎可以增强男子的自信。据说，路易十四个子矮，有时会穿高达 12.5cm 的高跟鞋。他还特别喜欢穿红色高跟的皮鞋，因此这种款式也受到了众人的青睐，并传到了英国，詹姆士二世和他的朝臣们都穿这种鞋（图 5-11）。高跟鞋并不仅仅是一双鞋子这么简单，它是巴洛克精神的体现，倾斜的线条改变着人们的身姿体态，同时影响了整个时代的礼仪。我们可从莎士比亚名剧中，王子哈姆雷特的谈话中寻找到它的踪迹：“按您高底鞋的高度来说，自上次见您之后，夫人您又显得尊贵了许多。”

图 5-11　17 世纪的高跟鞋，装饰着刺绣、丝带和花边做的玫瑰花瓣点缀物

美容与化妆

17世纪，人们认为水对皮肤有害，于是大多数人惰于洗澡，仅用香料来“清洁”身体。他们会在腰带和项链上挂着香袋，里面放上从龙涎香和安息香中提炼出的香料；也会佩带用丝质塔夫绸做的香包，来遮盖体臭。男人和女人都喜欢带香气的手帕、手套。每样东西无处不撒上浓重的香料、麝香或龙涎香，英国一些有钱人家还专门设有香料房，有仆人在香房伺候。

女性用碳梳来加深眉毛，将嘴唇和指甲涂成红色，妇女们还在脸上贴一些小布片，贴在脸上有瑕疵的地方，约翰·布尔沃(John Bulwer)在他1653年的书《人工幻灭童话》(Artificial Changeling)中写道：“荒唐的妇女们，梦想像维纳斯一样凸显自己的美丽，徒劳地往自己脸上贴上影响美观的黑色痣，这种黑色的痣是用黑色的橡皮膏剪成的，而且她们的脸上贴满了这种东西，形状也许是星星、月亮，甚至是马车和马。她们认为这样就能使自己变得楚楚动人。”

[小资料]

芳坦鸠（Fontange）发型的由来

这个名字来源于路易十四宠爱的一个妃子的名字。他们外出打猎时，芳坦鸠的发型弄乱了，于是她用一根吊袜带简单地把头发绑了起来，国王表达了他的喜爱后，这种发式就流行开来。第二天宫廷女子都模仿芳坦鸠用一根缎带系扎头发，这种发式很快越过海峡传往英国。

思考题

1．试论述巴洛克艺术对当时服装样式的影响。

2．法国风时期的政治策略对服装式样的翻新起到了怎样的作用？

3．巴洛克男装的样式向现代男装样式的演化关系。

第六章
洛可可时期服饰

在欧洲服装史上，流行于18世纪欧洲的洛可可(Rococo art)艺术，发端于路易十四(1643—1715)时代晚期，盛行于路易十五(1715—1774)时代，其风格纤巧、精美、浮华、繁琐，又称路易十五式。当时欧洲弥漫在艺术上的矫揉造作，以及贵族生活的荒淫奢靡，新兴资产阶级与平民阶级同封建贵族的矛盾日益尖锐。虽然这一时期西欧各国自然科学日渐进步，且受到当时各种民主学说的影响，资产阶级启蒙运动兴起，工业逐渐发展，民主思潮兴起，甚至在18世纪末爆发法国大革命，这些都对服饰的变化产生重要影响。但就整个18世纪而言，在服饰时尚上仍处于原有封建贵族的审美，追求奢华、繁冗、纤细、妩媚的风格，不过服饰的重点则由上个世纪的男装转移到了女装，女性装束成为洛可可风格的代表，洛可可风格在女装上展现无遗，其中华丽的撑架裙以及女子高发髻都是该风格的特征。

一、18世纪欧洲历史背景

进入18世纪，西方社会在经历了启蒙运动和产业革命之后，社会政治发生强烈震动。西方各国资产阶级不断发展，资本主义势力增强，社会结构发生深刻变化。由于资本主义发展的需要，西欧列强对新大陆的开发有了新的进展，西班牙、法国、英国扩张其殖民地统治的同时也为本国带来了大量的税收。自然科学的发展，民主思潮的高涨以及工业技术进步使人们开始注重对理性的追求，因而18世纪被看做是理性的时代或是启蒙运动的时代，这些客观形势的转变都对该时期艺术发展产生了强烈的影响。人类逐步将神学从哲学中剔除，转而倾向世俗的路线，审美趣味也从原先高尚的趣味转向寻求轻浮的快感。

尽管18世纪的路易王朝逐渐走向没落，宫廷文化边缘化，但并没有动摇法国在欧洲的文化中心和艺术中心的地位。新兴资产阶级不断积累的财富让沙龙文化成为当时的时尚活动，人们在沙龙里读论关于政治、艺术、文学的最新话题，高谈阔论。沙龙通常是由引领时尚的贵妇人主持，并邀请戏剧家、小说家、诗人、音乐家、画家、评论家、哲学家和政治家等会聚一堂，于是沙龙成为了18世纪时装的“斗秀场”。（图6–1）

图6–1 资产阶级沙龙

［阅读资料］

战乱与革命的背景

18世纪初叶，欧洲又燃起战火。争夺王位继承权的西班牙内战几乎把每一个欧洲国家都卷了进去。时代在前进，变化时时发生。

逐渐繁荣起来的工业和全球贸易受到欧洲君主及封建贵族的阻挠。新兴的城市中产阶级或资产阶级开始成为主力军。法国在艺术、文化和时装领域的影响从凡尔赛传到了巴黎。在那里，知识分子以及上流阶层人士举行沙龙，讨论哲学和世界大事。

随着资产阶级地位的不断上升，巴洛克时代的帝国风格也将告退，逐渐被洛可可风格所代替。如同巴洛克影响了路易十四的宫廷和欧洲的服装风格，洛可可风格也在服装上表现得淋漓尽致。路易十五统治期间，世界纺织贸易繁荣昌盛，富人们用丝带、花边、裙裥、裙饰、丝绣徽成花朵及蝴蝶辑式来装饰服装。

洛可可风格正符合路易十五的情妇蓬帕杜夫人的品味：弗兰斯瓦·布歇的彩色粉笔画、中国的工艺装饰品以及塞夫勒的陶器都使她欢喜。这种风格改变了凡尔赛的面貌，

并且遍及欧洲内外的画廊。（图 6–2）

法国革命前，西班牙、意大利和葡萄牙先后陷入困境。德国各公侯国如奥地利、普鲁士，俄罗斯相对繁荣。奥地利王位争夺战期间，普鲁士夺得了西里西亚，并对维也纳虎视眈眈。奥地利女王，匈牙利皇后玛丽亚·里尔萨希为保卫领地而与普鲁士和波旁王朝结成联盟。接着又与法国联姻，把女儿玛丽亚·安托瓦内特嫁给路易十六，以加强她的统治地位。同时，俄国在沙皇彼得大帝的统治下不断强大。彼得大帝鼓励臣民采用西方服饰。他的继承者叶卡捷琳娜继承了他的一切。

图 6–2 蓬帕杜夫人肖像

18 世纪，英国成为世界大国。在美洲拓展殖民地使英国大发横财，并且很快从法国手中夺走了加拿大。印度成了它的下一个目标。1702 年，威廉·文德专为白金汉郡的公爵设计了白金汉宫。1762 年，英国国王乔治三世花了 44800 英镑从其手中购得，作为皇室在伦敦的官邸。

大西洋彼岸，几个英殖民地组成了一个前途宽广而富饶的新国家——1776 年，美国宣布独立，摆脱了乔治三世陈旧的统治枷锁。

18 世纪后半期，源于德国文化哲学运动的启蒙运动在法国蓬勃兴起，理性向权威提出了挑战。法国哲学家伏尔泰是启蒙运动的主要代表。1751 年，他主编法国百科全书，帮助民众获得新知识，其思想引起了普鲁士帝国弗雷德里克宫廷和俄国女皇叶卡捷琳娜的恐慌。他因撰写攻击法国社会及政治制度的革命理论而两次入狱。在他的评论散文、诗歌和戏剧里，隐含着一个主题，那就是“粉碎权力滥用”。他攻击的对象是那些掌权者：教堂领袖、政府和社会中坚分子。

另一位法国哲学家雅克·卢梭的《社会契约论》则指出：“人生来是自由的，并且无处不在。”这句话连同伏尔泰的思想一起，为法国革命埋下了种子。

王后玛丽亚·安托瓦内特提倡卢梭的自由哲学思想，但她低估了其影响力。当她煞费心血建造凡尔赛的花园天堂时，那些“无业游民”——1789 年 5 月，劳动工人和农民却在巴黎的街头浩浩荡荡地举行造反。

路易十六的法令对控制局势没有起到丝毫作用。6 个星期后，三等公民提出合理税收等要求，造反起义，短短几年间，君主制的法国变成了共和制的法兰西。路易十六和玛丽亚·安托瓦内特被推上了断头台。

——[英]普兰温·科斯格拉夫．时装生活史．上海：中国出版集团东方出版中心，171–172

图 6–3 侯爵夫人像，奢华繁缛的装饰

二、洛可可艺术

由于追求感官享受和现世幸福的沙龙文化在 18 世纪弥漫开来，使得人们更加关注生活的外在，而不是它的本质。这一时期，东方的瓷器在欧洲得到了普及，人们可以选用轻巧的瓷器作为餐具，而不必使用笨重的银器。人们热衷于制作小巧玲珑的瓷器塑像和纤巧柔美的日用品及装饰品。人们不断地去追求那些不同于巴洛克庄重奢华风格的华丽与高雅，彩色粉笔画、中国工艺品，都成为富人阶层追求的美好事物。于是洛可可（Rococo）应运而生，这一词源自法语 Rocaille，原本是指小石头或者小沙砾，但后来却用来形容 1715–1770 年的艺术风格——洛可可艺术，一种运用大量 S 型组合的纤巧而繁复的艺术样式。洛可可强调了曲线和繁缛，这就打破了文艺复兴以来的对称模式和厚重风格，摒弃了巴洛克艺术中的怪诞而追求纤细与轻巧，从繁缛的纹样中表现出流动和华丽。

与哥特式是建筑样式的名称相对，洛可可是以室内装饰为主题的样式名称，其特点是室内装饰和家具造型上，到处都是凸起的曲线和植物形的装饰，涡旋曲线纹饰蜿蜒反复，在装饰上再加上装饰无疑是洛可可风格的最大特点，同时在装饰手段上运用繁缛复杂的交织曲线，将图形组成华贵堂皇奢侈的趣味。洛可可风格并不讲求左右的对称，更加强化巴洛克的奢华感，在建筑中采用中国样式的、古典样式的线条，整体感觉更小巧、精致。这种风格也深深地影响了同一时期的服装：弯曲优美的裙摆线条、服装上满载着蕾丝和各种花型装饰，女士们更加青睐轻淡典雅的色彩，而且男子的马甲上也绣着细腻的装饰。一切都显得如此柔美，娇艳的女性风格成为这一时代的主角。（图 6–3）

三、洛可可时期服饰

18 世纪的服装形式在 17 世纪末已经基本确立。即便是在 18 世纪最初的几十年也极少有变化。因此 18 世纪时尚的历史可以看作是从 1715 年开始到 1789 年法国大革命结束的一段时尚演变历史。洛可可时期的服饰重点由 17 世纪的男装移到了 18 世纪的女装上，女装成为洛可可风格的代表。其中裙撑和紧身胸衣的使用以及女子高发髻都是该风格的典型特征。

每一种文化发挥到了极致总会刺激另一种文化的产生，后者往往是前者的传承，是在前者基础上的修改和发展，在巴洛克后期，洛可可文化应运而生。洛可可服饰是在巴洛克服饰的基础上发展了纤细轻巧的特点，使服饰更加向女性化方向发展，而男装中的女性化趋势也日渐突出。到 18 世纪中叶，洛可可服饰达到鼎盛，纤细、优美、华贵、花哨，女装更加性感，裙撑又一次出现，胸部袒露，美肩外现，大量花边、缎带及人造花用作装饰。到洛可可末期，头饰更趋华丽，裙长缩短，前直后鼓。男子的背心前面出现精美的刺绣，假发更加轻巧，帽边的波浪形曲线充满情趣。服装面料质地轻柔，图案精致，鲜花、海草及涡旋形曲线成为装饰图案的主题。（图 6–4）

图 6–4 18 世纪中期的日常装束

男子服装

洛可可时期的男装大致可分成两个阶段，18 世纪上半叶，服装呈女性化趋势，下半叶趋向简洁和流畅。长外套、背心和紧身裤成为男子的典型套装，加上假发或三角帽，就是洛可可时期的男子典型打扮。

紧身外套（Justaucorps）

男子外套从上世纪巴洛克风格的样式继续下来，基本造型不变。不过法国人给予另一个名字 habit a la francaise。这种样式在上个世纪已经确立，其基本样式是收腰，下摆外张并呈波浪状，衣摆里衬以硬质材料以使臀部曲线丰满，这是此时外套的重点所在。小立领或无领，前襟缀有排扣，扣子上嵌入各种图案，装饰性很强，大部分纽扣与扣眼是装饰功能。口袋位置上下变动，高时升到腰际，低时移向下摆。贵族男子的这种紧身短大衣十分讲究，浅色缎面加以刺绣和金饰。（图 6–5）

图 6–5 男子紧身短大衣，门襟两侧装饰着花卉图案

夫拉克外套 (Frock)

到 18 世纪中叶，英国产业革命使男人的服装趋向简洁实用，这带来了男装的变革。1760 年，男子上衣腰身放宽，下摆减短，向实用性发展。英国出现的这种上衣外套被称为夫拉

克。其特点在于门襟自腰围线开始斜向后下方，是以后燕尾服的雏形，也是以后晨礼服的基础。剪裁合体，运用胸腰省，领式有立领、翻领，后下摆开衩，袖子由两片构成，长及腕。袖口露出衬衣的褶饰，原来翻折外露的袖口克夫没有了，保留了固定克夫的纽扣作装饰，现在男西服袖口上的纽扣就是当时这一服饰的痕迹。

背心（Waistcoat）

这一时期装饰的重点转移到穿在里面的背心上，也是上个世纪长马甲的改良版。这时的背心用织锦、丝绸或毛织物做面料，以金线或金缠子刺绣，衣长比外套短 2 英寸左右，除无袖外，造型与外套相同。后来，男子服装中的背心也再次变化，前衣片面料华丽，后衣片因穿时不能看到，改用廉价的面料制成。这种背心是现代西式背心的前身。到 18 世纪后期，背心缩短到腰围线附近，最后缩至腰际，成了正式无袖西服背心。

图 6–6 男子外套装饰更为华丽

过膝紧身裤（Culotte）

男子下身穿着紧身裤称为克尤罗特采用斜丝裁剪，非常紧身合体，长度过膝，包裹腿部显现肌肉轮廓成为时尚。膝下着长筒袜，以浅色为主。

礼服大衣（Redingote）

在法国出现了新型外套，叫做鲁丹郭特的礼服大衣，它源自英国的骑马用大衣（riding coat），前摆有如燕尾服的样式，有大翻的衣领，双排扣，后背中心至腰线以下开衩，袖管笔直，下摆至膝，用亚麻布等作衬里。这种骑装外衣到路易十六时逐渐变得窄小优雅，19 世纪时，成为礼装。以后在英国演变成礼服大衣，遂成时尚。英国一名外交家兼作家常在公共场合穿用，所以有人以他的名字命名为切斯特费尔德礼服大衣（dress chesterfield），此人系第六代伯爵，如当时的时尚领袖。大衣有天鹅绒软领，单排或双排暗纽，驳领，有腰身，里料多用黑色或藏青色，整体上给人庄重与高雅的感觉。与之并行的还有另一种男子长外套（carrick），也是礼服，大翻领，下有多层重叠的装饰披肩。（图 6–6）

女子服装

一般把 18 世纪大部分时期称为洛可可时期，女装成为该时期风格的代表，洛可可风格中的纤柔、轻巧、性感、浮艳的特点与法国上流社会沙龙中女子的特点相契合，因此，女装极强烈地表现出这一风貌，其外在形式美因素发展到了登峰造极的地步。主要表现在用紧身胸衣勒细的纤腰和用裙撑撑大体积的下半身。这一时期服饰美的本质即用夸张的外形来强调女性形体的吸引力和美感，洛可可时期的女性皆以此为目的来装扮自己。

在洛可可初期，服装一方面受到上个世纪巴洛克艺术的影响，另一方面，在新的社会环境下又逐渐发展出其独特的艺术风格。在沙龙中，人们追求物质享乐，日夜热衷沉迷于参加各种室内舞会，那些无所事事的贵妇们费尽心思装饰自己来博得男性的青睐与欢欣。

罗布长袍裙(Robe)

罗布长袍裙继续在 18 世纪流行。这种有点像室内家居服样式的长袍裙仍然受上层妇女喜爱，不过这种罗布长袍裙还是不断有所变化，其变化无非是领式、裙摆、袖子形状、装饰方式等等，所以又有多样的罗布专用称谓。如巴洛克后期流行的飘逸外形的长袍裙，又叫做罗布 · 吾奥朗特 （robe volante），其实都是罗布长袍裙的分支。这种罗布前领口开得很大，在背部有大量的琴褶，呈又宽又长的拖裙形式。又如，当时的宫廷画家华托在其画作中常表现当时的沙龙里的这种衣着时尚，故也被称为华托式罗布裙（robe a plis watteau），背部的琴褶亦称作华托褶（图 6–7）。华托式罗布长袍裙有的是整体都呈宽松的带状长衣，前面紧身，背后似有琴褶式的拖地斗篷，后来由于这种优雅

图 6–7 华托式罗布

图 6–8 身着罗布长袍裙的索菲亚伯爵夫人画像

图 6–9 横宽的法式撑架裙

的样式主要为路易王朝宫廷及其周围的贵妇人穿用，特别是路易十五的情妇蓬帕杜夫人非常喜用，成为洛可可时期经典样式。

自 1770 年后，发展到鼎盛的洛可可服装的形态逐渐收敛。在该时期的罗布长袍裙的基础，一种所谓的波兰式罗布长袍裙问世了。这款长袍裙整体收紧，裙子在两侧分成两片向上提起，提起的细绳安装在腰后的扣子上，这样裙子的体积变小，裙长缩短而不减贵妇人的雍容华贵，行动方便，一时流行于中层以至下层妇女之间。之后又出现英国式罗布长袍裙靠褶裥将裙子撑开，更加简洁、质朴，体现出英国自然主义倾向，为大革命后的古典样式流行打下了基础。（图 6–8）

法式撑架裙（Pannier）

在洛可可时期的黄金阶段，最为突出的服装现象就是巴洛克时期淡出的撑架裙再次成为流行，名为帕尼埃 Panier，英语为 Pannier。原意为行李筐，背笼，取其形如马背上的背笼而得名。其裙正是由于这种裙撑而成为这个时期不同于西班牙撑架裙，所以称为法式撑架裙。起初这种撑架裙也是吊钟状，到 1740 年以后，逐渐变成前后扁平而左右加宽的椭圆形，像马背驮着的行李筐，故又称为驮篮式撑架裙。两侧宽阔，带来许多社会问题，出入门时，只能横着走，上下马车必须改装，进剧场无法入座，在路上行走又影响交通。于是又出现了左右可以活动的分体式裙撑，穿时往左右腰上一系，好像挂着两个半圆形灯笼。到 1770 年，又发明了可以折叠的裙撑，框架上装有合页，用布带连接，可以自由开合，向上提则收拢变窄，放下又变宽。这种灵活的撑架裙一问世就成了贵妇们的新宠。（图 6–9）

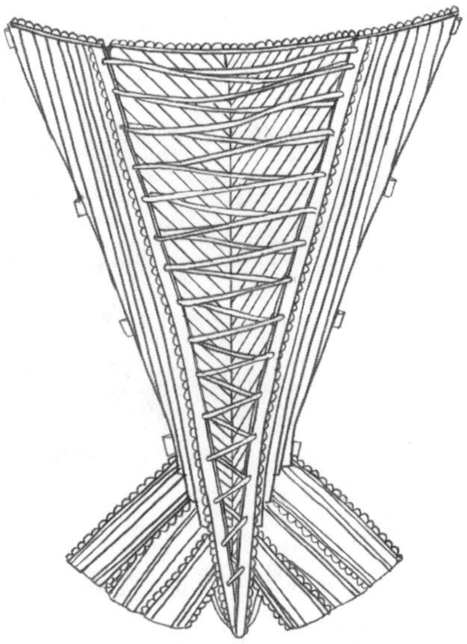

图 6–10

通常在撑架裙外面先罩一条衬裙，再穿一件罗布长袍裙，罗布一般前开衩，上面露出精致的胸衣，下面成 A 形张开，露出衬裙。全身装饰了各种曲曲弯弯的皱褶飞边、蕾丝、丝绸缎带蝴蝶结、鲜花或人造花，如洛可可画家布歇所绘的“蓬帕杜夫人”那样被人称作“行走的花园”。

紧身胸衣（Corset）

和撑架裙配套的仍旧是紧身胸衣，也有译作苛尔巴莱耐（corps baleine）。对这种塑形内衣在过去的翻译上有紧身褡的叫法。胸衣用鲸须制作，根据体形弯制鲸须，衬入衣身内，乳房上部横嵌一根，背后则是竖嵌一排，使背部挺直。胸衣在背后系扎，勒紧腰部以使胸部突显出丰满。这时期的女装重点体现在女子纤细的腰肢上，为了追求美不惜忍受痛苦，那些名媛贵妇便不得不将领口开大。（图 6–10）

到 18 世纪，制作技术更加进步，主要在于嵌入鲸须的数量和方向。这时的紧身胸衣上插入许多条鲸须，把鲸须事先按体形曲线弯好，嵌入衣身，后背的鲸须平直，在后面系扎，勒紧腰部以使胸部突出，显得丰满。

托尔纽尔臀垫 (Tournure)

上个世纪的 80 年代后，累赘的撑架裙又趋消遁，但紧身胸衣依旧流行。替代法式撑架裙的是一种臀垫，也叫做托尔纽尔，这与 19 世纪末的臀垫 (bustle) 基本雷同，只是后者的单词出现得较晚。这种出现在洛可可后期的托尔纽尔臀垫，无非是将夸张的女裙重点转换为臀部，让女性的后臀部显得突出，故法国的这种流行时尚亦被其他国家称为巴黎臀，而撑架裙的第二次高潮到此进入尾声。

[小资料]

蓬帕杜夫人

让娜·安托瓦内特·普瓦松，即后来的蓬帕杜侯爵夫人（1721—1764）生于巴黎一金融投机商的家庭，由于家庭富裕，自小受到良好的文化教养，又有天赋的智慧和美貌，嫁给埃蒂奥尔之后，她成了巴黎社交界的红人，因而博得国王的青睐。1744 年，这位 24 岁的埃蒂奥尔夫人遂成为国王最得宠的情妇，受到路易十五的眷宠，加上她才智过人，善于逢迎，不久平步青云，从国王的私人秘书成为政治社交界一位不可或缺的实力人物。此外，蓬帕杜夫人对艺术的敏感力令人尤为惊讶，她对洛可可艺术的影响，更是毋庸置疑。

蓬帕杜夫人喜爱中国瓷器，她建议在巴黎建筑一座皇家瓷窑——塞夫勒瓷窑，将从中国学来的烧瓷技术加以改进，设计出一种蔷薇色的豪华瓷器，产品被冠以“蔷薇蓬帕杜”的名字；她喜好的礼服，被宫廷称为“蓬帕杜便服”；就连一种面包的形状、一道菜肴，也由于她的倡议而被冠上她的芳名，甚至是她当时选择的马车、扇子、化妆品、丝带等等，只要经她肯定或设计过，就成为流行的事物。

[阅读资料]

The Corsets

Corsets had been worn by women since the 16th century but by the 18th century they were works of art–or seemed as such to the untrained eye.They may have looked glamorous, but they were the cause of great discomfort.Constructed of restricting hoops of whalebone,corsets were lined with rough,unbleached cotton.Although corsets would later be blamed for a slew of ailments such as splinters, damaged livers, and displaced ribs, they accentuated the female form. Corsets were also considered to be a status symbol:they prevented a woman from over–exertion and so indicated that she was a member of the leisured classes.Corsets were made of satin, embroidered silk and silk brocade.Working women wore a lace–up corset.

In 1770 a pamphlet entitled The Degradation of The Human Species Due to Whalebone Corsets was published.This started a crusade against the corset because the sentiments expressed in the text were backed by progressive thinkers of the day,both men and women–

Rousseau being one of the most vociferous.The revolution did away with bone corsets. From this time on in France women began to wear unboned corsets.

[摘译]

紧身胸衣

妇女早在16世纪就穿紧身胸衣。到了18世纪，紧身胸衣已经成为人们生活中的艺术品——虽极富魅力却并不舒适。用鲸骨做的箍紧紧撑着，衬里是用原色的粗糙的棉布。紧身内衣尽管被指责会引起很多疾病，如：皮肤刮裂，肝脏受损，肋骨挪位，但在凸显女性体形上却功不可没。紧身胸衣也是一种地位的象征。

–Bronwyn Cosgrave.The Complete History of Costume & Fashion. First published in Great Britain in 2000 by Hamlyn, a division of Octopus Publishing Group Limited,2–4Heron Quays, London E14 4JP.181–183

四、纺织品和纺织技术

18世纪中叶，英国的产业革命大大加速了西欧资本主义进程。产业革命是从与服装有直接关系的纺织业开始的，技术上的革新推动了当时的服装纺织面料技术的改进。首先是1733年，简·凯伊发明了飞梭；1764年詹姆斯·哈格里夫斯发明了多轴纺纱机；1769年理查·阿克莱特发明了水力纺纱机；后经赛米尔·克隆普顿改进，造出了“螺机”。同时，英国从印度和美国殖民地大量进口廉价的棉花，使大量生产的棉布进入人们的衣着生活。另外，18世纪初，由于化学的进步，出现了色彩丰富，水洗不掉色的耐水性染料，这大大丰富了衣料的后加工手段，木版印染这种新型产业应运而生。

服装面料上的图案早在16–18世纪就开始出现革命性的变化，由原来的织花变成浅印花，特别在1785年苏格兰人T．贝尔发明了滚筒印花以后，印花面料的生产效率迅速提高。英国从17世纪就开始模仿印度的棉布印花，法国则利用印花技术复制印花图案再重新加工设计。英法印花图案的题材主要是花卉，如印度花草、生命树。此外也有佩兹利纹样，这是一种以印度芒果为主题绘制成的具波斯风格的图案，因于18世纪初传入苏格兰的佩兹利镇后流行于英国而得名，后常用于领带及领巾上。还有一些法国风景图案，希腊莨菪卷草纹，阿拉伯文等图案。18世纪后期，法国出现铜板印花技术，把中国和日本式样的写实花鸟，庭院风景，故事情节绘成图案印制在织物上，颇受大众青睐。

图 6–11 女子高跟鞋

图 6–12 据记载当时女子的发式最高达 1.54 米，图为该时期假发的讽刺漫画

五、发式、配饰、鞋帽

男子化妆在这个时代并不是什么稀奇的事情，而是一种风尚，借此来遮盖因为不经常洗澡而脏兮兮的皮肤，显得女性味十足。装饰着花边、辫子式织物的三角帽是男子们的最爱，有些还会在上面插上鸵鸟的羽毛而增加男子优雅的风度。男子胸前也有饰物，用花边或轻薄织物制成，有波状褶边，有固定式和分离式两种，在流行的高潮期取代了领巾的地位。在领部有装饰领带、彩色围巾或黑色缎带（solitaire），配扎浅色蝴蝶结来固定衬衫领口。

洛可可时期的女子发型很有特色，假发在 18 世纪进入全盛期，被称为“假发时代”。假发形式也标新立异，有的要用支架支撑的，有对开式卷曲披肩的，有装饰黑带用蝴蝶结系扎的，有编了辫子再系上黑缎带的。发型设计也和服装设计一样成为一门职业。17 世纪下半叶盛行的芳坦鸠（Fontange）发式，已经随着时间的推移淡出历史舞台。18 世纪前半期的女子们把装饰的重点放在了她们的服装上，而采用较为简单的发式来陪衬服装，只需将头发顺着头皮从前额梳到头顶，并在后脑束起即可。1750 年，用黑色塔夫绸软垫撑起的发卷开始风靡。后来盛大高耸的假发占据了女人们的头顶，还有许多古怪的名字，这为当时的漫画家提供了不少有趣的素材（图 6–12）。18 世纪的男女都喜欢在头发上扑粉，贵族家里有专人负责这件重大的事情，并设有专用的房间，让小麦粉可以洋洋洒洒均匀地飘落在头发上。

18 世纪鞋子的材质十分多样，有丝绸的、织锦的、缎子的、亚麻布的和柔软的小山羊皮的。当时人们总是套上像拖鞋一样的套鞋来防止把高贵的鞋子弄脏。高跟鞋不再仅仅是为了避免在脏处弄脏鞋子，而更主要的任务是增加高度和体现优雅的脚的姿态。尖尖的鞋头、鞋跟呈现出优美的曲线造型，再加上鞋面上起固定作用的结和扣的装饰。男鞋做得很精巧，鞋跟趋低。18 世纪的美在男鞋和女鞋同样展露无遗。（图 6–11）

香水成为时尚，法国巴黎最先开设了香水店，是在宫廷的倡导下成为香水之都。纽扣也得到青睐，各种纹样和图像在小小的纽扣上被精致地刻画出来，缝缀在外衣上，一排排看上去精美异常，如同微型的艺术展览。

[小资料]

女子高发髻

洛可可时期女子发型在18世纪60年代后半期发生戏剧性的变化，与洛可可初期以来40年间那自然的、严肃的发型截然不同，出现了结发史上前所未有的高发髻，最高可达三英尺左右，致使下颌底处于全身高度的1/2处。这种高发髻是用马毛做垫子或用金属丝做撑子。然后再覆盖上自己的头发，如果头发量不够，再加上一些假发，用加淀粉的润发油（相当于今天的发胶）和发粉固定。但仅仅把头发做高还不能满足人们的装饰欲，在这个高高耸起的发髻上还要挖空心思地做出许多特制的主题内容，如山水盆景、庭院盆景、森林马车、农夫、牧羊人、牛羊等田园风光和扬帆行驶的三维战舰等。当时流行一句话："法国海军的最佳战舰在玛丽·昂特瓦奈特王妃的头饰上。"有时还嵌入自鸣乐器或金丝雀，发出美妙的声响。 女子高发髻带来的社会问题如同上世纪裙撑一样，引起诸多问题。如舞厅的门窗等要升高，教堂的入口要升高；妇女为保持高发髻不受损坏，长期不能躺在床上睡觉，精神萎靡；发髻不能常常洗梳，影响健康，成为违反自然的怪异行为，如同昙花一现便凋谢了。到18世纪80年代，高发髻日渐衰落，又曾一度流行用发卷强调横宽的发型， 终于又回到自然的发型。

[阅读资料]

Make-up and Grooming

Washing was not a common practice in the 18th century,instead people wore make-up to conceal dirty skin. White face paint made of lead continued to be used as a foundation and the cheeks were dabbed with red rouge.People also believed that body odor could be disguised with perfume.Louis XV insisted that his courtiers wore a different perfume everyday and Madame de Pompadour spent 500,000 livres on perfumes for herself.She devoted an excessive amount of time to her appearance.Though her bedtime was 3am,it was necessary for her to attend Mass by 8am at which she would appear lavishly turned out. One of the marquise's last acts,after receiving the sacrament,was to call for her rouge pots.

The democratic ideals that swept through France towards the end of the century affected every aspect of personal taste,including a preference for pure,clean air and scent,as well as a disdain for strong perfumes.Marie Antoinette had already established a fashion for light scents.Violet and rose were among her personal favorites. Meanwhile,a perfume trade was developing in England.

[摘译]

化妆和自身修饰

18 世纪的欧洲人仍未把洗澡作为日常习惯，人们靠化妆来遮掩肮脏的皮肤，用香水来遮掩体臭。涂抹脸部的粉底霜通常是用铅粉做的，两颊则略施脂粉。皇族成员们花在香水上的开销非常高，妇女贵族们打扮的时间也占了一天中的大半。当时18 世纪末法国的民主思想影响下，人们开始倾向于清新的空气和气味。

思考题

1. 洛可可时期女装主要造型特征。
2. 描绘洛可可时期女装发展中各种罗布长袍裙造型特征。
3. 洛可可艺术风格在现今社会时尚中的体现。

第七章
19 世纪欧洲服饰

19 世纪的欧洲吹来一股清新之风，上个世纪末的法国大革命和英国的产业革命在此时开花结果。原有的封建社会结构被改变，欧洲开始逐步向资本主义和工业社会急速转变，与此同时先进的科学技术改变了人们的生活方式，也促进了服装业的迅速发展。在社会意识上，新的法制废除了旧有贵族的特权，整个社会更加趋向法制化。法国大革命改变了延续数百年的封建局势，象征着自由、平等、博爱的三色旗及其思想从法国扩展到全欧洲和全世界。政治上的频繁变革，也酝酿了时尚的更替，尤其男装，随着资本主义社会对男性身份的诉求，男装逐步完成了服饰的近代化进程。这个世纪女装基本还在原有的基础上变化，尚未完全步入工业社会，但其形式甚丰。具体服饰大致分为四个流行时期：

一、新古典主义和帝政时期（The Neoclassical Period and the Empire Period，1789—1825）

二、浪漫主义时期（The Romantic Period ，1825—1850）

三、克利诺林裙撑时期（The Crinoline Period，1850—1870）

四、巴斯尔臀垫时期（The Bustle Period，1870—1890）

一、19 世纪欧洲历史背景

18 世纪末期，法国社会等级分化愈演愈烈，以国王路易十六为首的第一等级和贵族为代表的第二等级与资产阶级、城市平民及农民构成的第三等级之间的矛盾日益尖锐激化。1789 年 5 月的三级会议中，第三等级因受歧视而退出大会，并自行召开国民大会，此举引发了当权者的镇压。同年 7 月 14 日，中产阶级、工农联合起来攻占了象

图 7–1 薄衣时代的服装式样

征封建专制统治的巴士底狱，法国大革命正式爆发，国王路易十六与王后分别被推上了断头台，昔日奢华的宫廷统治成为过去。此后，法国分别经历了 1795–1799 年督政府执政的第一共和制时代，1799–1804 年的三执政官政府时代，1804–1814 年拿破仑执政的第一帝政时代，1814–1848 年波旁王朝复辟时代，1848 年二月革命之后的第二共和制时代，1852–1870 年拿破仑三世执政的第二帝政时代和 1871–1914 年的法国第三共和制时代。

政治上的反复变革，不仅带来了社会结构的剧变，也诱发了时尚的频繁更替，作为欧洲当时的政治、艺术、时尚中心的法国，其服饰变化实际成为欧洲时尚的风向标。宫廷不再是唯一的时尚主宰，新生的资产阶级、中产阶级也成为新流行的引导者。在工业化社会的进程中，人民的生活方式因新的科学发明而改变。与服装有关的发明有：1851 年，美国人辛格（I.M.Singer）发明了有现代雏形的缝纫机，其后成立了胜家缝纫机公司；1856 年，英国人帕肯（W.H.Parkin）发现了化学染料阿尼林（Anilin），使服装色彩更加多样；1872 年蒸汽裁刀的发明，使人们可单次剪裁 18 层布片之多；1884 年，法国人查尔东耐（Chardonnet）发明了人造纤维，丰富了衣料的品种……这一切都预示着服饰近代化的来临。

二、新古典主义和帝政时期服饰（19 世纪初）

18 世纪中叶，意大利发掘了赫库兰尼姆和庞贝两大古代都市遗址，这引发了人们对古代文化的关注。在艺术风格上，“优美但轻薄”的洛可可文化开始向“朴素而高尚、平静而伟大”的古典文化转移，这种倾向被称为新古典主义。虽然当时的艺术家希望以重振古希腊、古罗马的艺术为信念，但此时的艺术创作并非是对古希腊和古罗马艺术的简单再现，也不是17世纪法国古典艺术的单调重复，而是适应资产阶级革命形势需要。法国大革命推翻了旧有封建贵族的衣着审美，新政权在推行简朴男装的同时，类似古希腊的女性时尚风起。这一时期的女装采用了古典主义的风格，女士们穿着类似古希腊希顿式的宽松裙装，头发则像古罗马皇妃一样染成红色。（图7–1）

服装史上的帝政式样一般指流行于1804–1825年的服饰。在法国，出生在科西嘉岛的拿破仑·波拿巴凭借军事韬略和政治敏锐，在20年间变成了大半个欧洲的主人。1804年，拿破仑给自己加冕，由将军变为皇帝。（图7–2）

图7–2 拿破仑加冕图

图7–3 拿破仑肖像 其军装式外套更加注重机能性

男子服装

法国大革命后，旧有的宫廷贵族样式的男装渐渐退出历史舞台，封建主义身份制度的崩溃，男性们已不再需要穿着装饰繁复、造型夸张的服饰来标榜自己的身份。男性在新的工商业社会活动中的新角色，促使其追求更具机能性、活动性和合理性的简洁装束，多余的刺绣和装饰被去除，衣料也由以前男女共享的衣料简化为朴素的毛织物为主。在服饰色彩上，黑色成为仪礼和公共场合的正式服色，具有新的审美。（图7–3）

19世纪男装完成了三件套装的基本组合：夫拉克外套（frock）、基莱马甲（gilet）和裤子（七分紧身裤culotte/长裤pantalon），这三件套是当时最具代表性的男装基本典型样式，也开始确立了近现代男子正装的基本组合。这样的服装样式在视觉上拉长了腿的长度，在当时塑造了资产阶级革命后欧洲男人的形象。

夫拉克外套（Frock）

这种夫拉克外套基本延续上一世纪的夫拉克外套样式，略有变化，多为高腰，单排扣或双排扣，翻领或立领。衣身有两种款式，一种是前身在腰节处水平，后部下摆成燕尾式；另一种是前衣襟从胸下向后直接斜裁下来的款式。男子衬衫多为白色棉布衬衫，可谓现代衬衫的原型，领子高而硬挺，袖克夫宽而挺括。

图 7–4 1820 年的男子三件套装束

图 7–5 法国大革命时期革命党人的“裤汉党”装扮

基莱马甲（Gilet）

在 18 世纪长度到腰部附近的基莱马甲到 19 世纪得以盛行。前后片常使用条纹面料制作，款式为双排扣或单排扣，通常为翻领，有的大翻领甚至可以盖过上衣的翻领，在大革命时期，流行那种工人穿着的双排扣马甲。马甲常采用有花色或条纹的面料制作，可以说是当时男装的亮点。

过膝紧身裤（Culotte）

过膝的紧身裤裤长到腿的腓部，类似现代的七分裤。是早由男裤演化而来，一般采用上等的丝绸制作而成，多为保守的宫廷贵族穿着，这种从文艺复兴开始流行的裤装在之后慢慢退出历史舞台。

长裤（Pantalon）

欧洲男裤到这时基本演变成长裤形式，这种长裤是新兴资产阶级的主要装束，多为单色，其款式也因时而异，时而瘦长，时而宽松。这种裤形基本确立现代男装的裤子样式。（图 7–4）

[链接]

这个世界的人们曾经那么热衷于模仿贵族，现在又急切地去贫民区寻找灵感，竭力把自己装扮成流浪汉的样子。如果在公众场合穿人们恨之入骨的压迫者的衣服，那就等于上断头台去送死。真正的爱国者，是从来不沾脂粉和香皂的。他们现在出门办事时，穿一条肮脏的老式长裤子，这种长裤，是平民百姓的正经的衣服。长裤的式样源于古希腊，最早是划船的奴隶穿的……（图 7—5）

后来，公民罗伯斯庇尔找到了公民大卫，他向这位古典主义大师提出应该为法国人设计一套十足的古典式的服装，以便让全世界知道古罗马共和国朴素无华的风气又重返大地。大卫热情十足地投入这件事，几周之后，就拿出一份仿古服装设计草图交给罗伯斯庇尔。但设计出来的衣服没有收到预期的效果，男人们多数的意见是，穿上这种上衣和肥大的裤子，再配上一顶插着羽毛的帽子，简直就像是个小丑。尽管他们极不满意，但又不得不穿上这身衣服，否则就会受到独裁统治者的惩罚。但是，女士们却笑逐颜开，她们感谢大卫设计出来的服饰，让她们从无产阶级的束缚中解放出来。其结果是，在法国大恐怖的执政政府年代里，女士们可以穿古希腊的细腰内衣，一种没有束缚的内衣，跑来跑去。

——房龙．人类的艺术第 2 版．西安：陕西师范大学出版社，2008,478—479

发式、鞋帽

男子皆短发剃须。鞋子主要有两种：长筒靴搭配七分紧身裤，低跟矮帮皮鞋搭配长裤。这一时期男子最青睐的是一种酷似烟囱造型的黑色礼帽。大革命时期男子流行红色无檐帽及三角帽。

女子服装

女装在法国大革命后，一反此前洛可可服装的夸张、造作与奢华，而类似古希腊的修长造型替代了硕大撑裙的人为造型，古希腊式的健康、自然的服装样式占据了新的时尚领地，紧身胸衣和撑架裙被弃用，女士们转而追求古朴、自由的着装趋向。到法国的帝政后期，旧日的宫廷女装风格重现巴黎，这一时期的女装处于古典风格与重叠穿着多层衣裙样式的转型期。

希腊式连衣裙（Chemise dress）

法国大革命同样也荡涤了路易时代的洛可可华丽之风，法国女装抛弃了过去的内部胸衣和撑架裙，古代希腊式的简洁、修长、单纯的风格流行。一种以宽松的腰身、

图 7–6 法国女子穿上了希腊式连衣裙

图 7–7 与衣裙同色的披肩

飘逸的线条、淡雅的色彩为特色的希腊式连衣裙便开始流行于法国的宫廷和民间，皇后约瑟芬喜欢这样的薄纱服，开启了一个崭新的“薄衣时代”。这种白色棉布即纱布制作而成的宽松长裙基本造型特点是强调低胸和高腰身，腰节线提高到胸下，衣长曳地，据说裙子最长达 3 米，衣袖多为短泡泡袖，类似白兰瓜的造型。

随着时间的推移，希腊式连衣裙的式样也在不断演变，首先是裙长开始慢慢变短，从长及地面缩短到露出脚踝，下摆开始变宽，并增加了蕾丝等装饰。为了改变白色长裙的单调，流行起两种裙子重叠的穿法，在白裙外套穿一条质地和颜色不同的罩裙。（图 7–6）

披肩（Shawl）

披肩是当时女子的必备服饰品，因为来自南欧希腊式连衣裙毕竟相对单薄，对纬度较高的法国在穿着希腊式连衣裙时就增加了披肩，起到御寒作用的同时，也增加了女装的美感，既可以在室内穿着，行动又非常方便。艺术史作家房龙也曾记载：“因为仿古希腊和古罗马的新式服装使女士感冒，于是就用披肩御寒。”披肩的材料有多种，比如网眼纱、织金锦、印度的山羊绒等，颜色也丰富多彩。（图 7–7）

斯潘塞短夹克（Spencer）

轻薄的衣装使很多女士都患了感冒，为了御寒，女子装束中流行在希腊式连衣裙外加穿短夹克。其造型直接来源于男装，小立领，衣长仅达腰的位置，袖子瘦长，紧身合体，与现代小夹克衫类似。一般选用上等的天鹅绒、山羊绒、麻或棉来制作。

到帝政时期的女装重新恢复紧身胸衣，原有的古典风格又加入外套、长内裤和装饰。

发式、鞋帽

女子流行古典式的高发髻。洛可可时期的高跟鞋被取代，细带皮凉鞋（sandal）和低跟的女式无带浅口轻便鞋 (pumps) 成为女鞋的主流。此时的帽子类型很多，最可爱的是一种用布或麦秆制成的系带帽、苏格兰式的无边帽（bonnet），几乎能护住整个头部，帽檐周围装饰着缎带或人造花。另外，埃及的豪华头巾也流行于此时的欧洲。（图 7–8）

图 7–8 女帽

三、浪漫主义时期服饰（19 世纪上半叶）

拿破仑帝国覆灭后，长期的战争让困顿的气氛弥漫了整个欧洲，欧洲所有国家的旧势力卷土重来，权力重新回到旧贵族手中。战争使欧洲各国财政贫乏，人们心底弥漫着不安，许多人逃避现实，唾弃资产阶级所倡导的自由思想，转而更加重视人的情感。在这种政治风云变幻的历史时期，形成了独特的时尚审美——浪漫主义风格。

浪漫主义（Romanticism）一词源于中世纪法语的 Romance（意思是“传奇”或“小说”）。有资料证明，1654 年英国人第一次使用“Romance”这一词语，意为“传奇般的”、“幻想的”、“不真实的”，明显地包含着贬义的否定性内涵。直到了 18 世纪，Romance 才逐渐转变为肯定性的褒义词，被用来评价具有“宜人的忧郁”特点的作品。浪漫主义艺术风格反对纯理性和抽象表现，强调情感表达，主张自由、奔放、热情、个性的艺术描绘，突出光和色彩的强烈对比。但是，衣着上的浪漫主义与艺术风格不尽相同，这时期的男装矫揉造作，线条夸张，刻意打扮。而女装再一次回到紧身胸衣和撑架裙的夸张年代，仿佛是封建贵族奢华装饰的回光返照。

[阅读资料]

Women’s Roles and Clothing Styles

Romantic poets often emphasized the maiden who died for love or the one whose hard-heartedness caused despair in her lover. According to one analysis of women’s attitudes in the 19th century, it was distinctly unstylish to appear to be in good health. Circles under the eyes were cultivated and rice powder was liberally applied to produce a pale look. The middle class woman was expected, furthermore, to be a "perfect lady".

With industrialization and the growing movement of business out of the home and into an external workplace, women's roles were increasingly confined to the home. Affluent women were severely limited in their activities. The home was the center of entertainment, and well-to-do women served as hostesses for their husbands. For this role they required a substantial wardrobe of fashionable clothes. They supervised the servants, who did all of the household tasks. Women dressed in the most stylish gowns of the 1830's and 40's when sleeves were set low on the shoulder would not have been able to raise their arms above their heads, and were virtuaily incapable of performing any physical labor. Accomplishments such as sewing, embroidering, modeling in wax, sketching, painting on glass or china, or decorating other functional objects were encouraged, but most had seamstresses who would come to the home to make the more complicated garments.

Women from working class families, from rural areas, and pioneers, however, did toil at a wide variety of tasks. Their garments were less hampering, more practical in form, and made from less expensive fabrics. Even so, their dresses followed the basic style lines and silhouette of the period. The fashionable bonnet of the Romantic Period was transformed by farm and pioneer women into a sunbonnet, a practical covering to protect the face and head from the hot sun.

[摘译]

女性角色与服饰风格

虽然19世纪的世界工业化进程和商业化得到了飞速发展，但妇女的社会角色仍囿于家庭，因此家庭是女子生活的主要中心。根据这一角色定位，富有的女子请裁缝到家里制作更为复杂的衣装，她们的生活舒适，无需参与体力劳动，所穿着的服饰紧身合体，甚至限制活动的自由，精美的衣饰无不显示着养尊处优的生活状态。社会底层女子的服装款式虽然也遵循这一时期最基本的轮廓，但更加注重服装的实用功能，往往选用廉价的衣料，装饰简朴。

–Phyllis Tortora, Keith Eubank.*A Survey of Historic Costume.*[M]. New York:Failrchild Publications,1989,220-221

男子服装

男装三件套装：夫拉克外套（Frock）、基莱马甲（Gilet）、裤子（Pantalon）

浪漫主义时期男装的基本构成仍是夫拉克外套（frock）、基莱马甲（gilet）和长裤（pantalon）。过去贵族男子所穿的七分裤，即过膝紧身裤 (culotte) 被彻底淘汰。

这时的夫拉克外套类似以后的燕尾服或晨礼服、短大衣之类，但线条夸张，肩腰造作，肩胸部因加入垫肩而向外扩张，腰身收紧，肩部耸起，一度男士们也使用女装中的紧身胸衣来整形。在改进绅士着装的运动中，男装中旧有的花边蝴蝶结、白色丝袜、装饰有羽毛的三角帽被视为多余，取而代之的是非常简朴的英国乡村绅士装束——白色亚麻衬衫、深色外套、白色紧身长裤。上衣的色彩非常沉着、讲究，白天穿蓝色或绿色，晚上穿蓝色或黑色条纹织物，深色的衣料搭配黄铜纽扣。基莱马甲的色彩较为华美，面料有丝绸、天鹅绒、凸纹布等。裤子细长，逐渐向现代西裤转变。（图 7–9）

图 7–9 1847 年的男装时尚

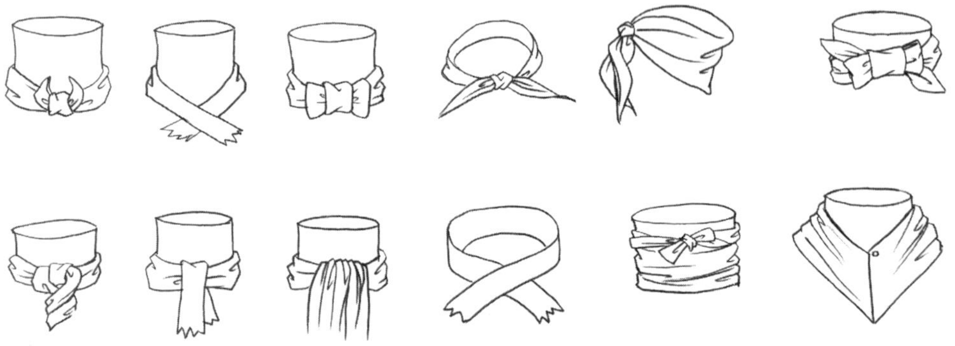

图 7-10 男子领结系法

图 7-11 花花公子风格创始人——乔治·布鲁梅尔

发式、配饰、鞋帽

浪漫主义时期的绅士们讲究礼仪，注重体面的形象。通常短发洁面，头戴黑色的桶形礼帽，手执文明杖，这样的礼帽和手杖是绅士必备行头，男士的衣领领口需系扎领结来修饰仪表。据载，此时领结的系扎方法有 32 种之多，不同的系扎方式体现了个人的志趣爱好，如拜伦式、爱尔兰式、东方式等。（图 7-10）

[小资料]

乔治·布鲁梅尔与花花公子风格

乔治·布鲁梅尔是浪漫主义时期对男性服装影响颇大的人物，以他为代表的男子着装风格倡导轮廓简练、线条优雅，被称为“花花公子风格”（当时著名的花花公子还有英国著名作家爱德华·布尔沃·利顿、本杰明·迪斯雷利等）。据记载，布鲁梅尔每天要花好几个小时梳洗打扮，细心地剃须、擦洗，直到皮肤光泽可鉴，他还尽心打理他的那些亚麻布服装并务必使领结打得无可挑剔，其穿衣规则为“不要香水但要上好的亚麻布，多多益善，而且必须是带有乡土气息的漂染法”。（图 7-11）

图 7-12 浪漫主义时期女装

女子服装

浪漫主义时期，柔美的女性化风貌重新左右了人们的审美，纤弱、斯文、婀娜的女子被认为是最富有女性味道的。女装重视服饰色彩和情感表达，以淡色为主，粉红、白色较为常用，尤其是白色，最受欢迎。

女裙

女裙的腰线从新古典主义时期的位置重新回归到自然腰节线上，复古了16世纪宫廷女装的味道，领口通常开得很低，大胆地撇向肩膀两侧，袖根部用鲸须填充得极为夸张；紧身胸衣（corset）重新被使用，为搭配低开的领口，胸衣的肩带撇向肩头；与勒细的腰部相对比，下半身的裙子呈膨大化的状态，甚至用多达五六条衬裙来增加罩裙的体积，裙摆非常夸张，整体造型呈现出地道的X型。罩裙表面的装饰越来越多，人造花、蕾丝等等均被启用，由于裙子的膨大化，以往曾流行的前开式罩裙再度出现，露出里面的异色衬裙。高领与坦领成为此时流行，尤其低坦的领型成为女装主流。袖型又趋繁复，羊腿袖、泡泡袖再兴，装饰华丽。（图7-12）

紧身马裤（Breeches）

在1830年左右，由于女性参与户外活动如骑马等需要，女装中出现了男性化的倾向，在长裙内穿紧身马裤成为前卫的打扮，这种装束后来成为女权主义的象征。

发型、鞋帽

女子的发型流行中分，紧贴头皮，两侧有微卷的式样，后来发髻越来越高，高挽在头顶。帽子与发型相呼应，帽山变高，帽檐变大，饰有羽毛、缎带、蕾丝、人造花等。

四、克里诺林撑架裙时期（19 世纪中下叶）

这是指 19 世纪中叶流行的大撑裙时代。克里诺林（crinolino），源自意大利语，最初指 19 世纪的一种撑架裙商标，这种新型撑架裙是在硬衬裙里加入细铁丝圈作为支撑，使裙子不再依靠多条衬裙也能呈现膨大化的效果，紧身胸衣和撑架裙的重新出现，使女性美的审美标准再次脱离了服装的机能性。克里诺林撑架裙是欧洲女装历史上最为硕大的裙子，成为撑架裙历史最后的华彩乐章。法国仍是欧洲的时尚中心，硕大的撑架裙成为那个时代的符号，拿破仑三世的欧仁尼皇后执掌起时尚大旗，大裙撑备受青睐，人们再度复兴了华丽的洛可可风格。因此，这一时期的女装风格也被称为新洛可可风。1858 年，服装设计师查尔斯·沃斯在巴黎开设了第一家以上流社会贵妇为顾客的高级时装店，为时尚界树立起设计高级时装的大旗。

正在法国街头盛行撑架裙时，海峡对岸的英国策划了世界上第一次国际博览会，十万余种新产品、科技成果和服装汇集到伦敦，开拓了世界的视野，促进了文化技术的交流。这时期科技的进步也加速了服装业的发展，1846 年艾萨克·辛格发明缝纫机，随后出现了专业钉扣机、锁扣眼机、熨烫机、编织机……在英国还出现了服装的标准制作样板。

[链接]

沃斯和法国高级时装

图 7-13 查尔斯·沃斯

查尔斯·沃斯（Charles Frederick Worth，1826—1895 年）是世界服装史中无可争辩的巨人，被后世人誉为“高级时装之父”，他是第一个以自己的名字作为服装品牌的设计师，也是第一位启用真人作为展示模特的先驱者，他是开创时装设计师主导时尚事业的第一人。在 19 世纪的欧洲，无论是奥地利的皇后，还是巴黎上流社会的小姐、太太，都以拥有一件沃斯设计的高级时装而骄傲。（图 7-13）

有趣的是，这位开启了巴黎高级时装的开拓者并不是法国人，而是一位英国人。1826 年 11 月 13 日，沃斯出生于英格兰东海岸的林肯郡，1838 年他到伦敦一个布料店学徒，耳濡目染的七年岁月里，他逐渐对织物与服饰设计产生了浓厚的兴趣。1845 年，20 岁的沃斯只身来到世界时装中心——巴黎。在当时巴黎纺织界最负众望的盖奇林店，沃斯开始了设计助理生涯，其后他拥有了属于自己的高级时装店。

沃斯设计的时装往往新奇而大胆，比如他改变了 19 世纪中期流行的笨拙造型的巨大女裙，取而代之的是前平后耸优雅样式，他偏爱奢华的风格，常常使用绣花的丝绸或天鹅绒的高级衣料，他发明了后世称之为“公主线”的女装新造型，使得女装更加合体紧身……

1895年3月，沃斯在巴黎逝世。但他开启了高级时装的良好开端，一个新的时装时代开始迈入新纪元。

图7–14 a燕尾礼服 b晨礼服 c日间常服 d外出服

男子服装

随着资产阶级革命与工业革命的进行，男装逐步摆脱了封建贵族的审美，男装的变化变得越来越少，也越来越慢。浪漫主义时期的男装三件套（上衣、马甲、长裤）在此时传承，但与过去不同的是，出现了三件套服装使用了同色同质的衣料，尤其是英国式的黑色套装因其朴素特质和实用功能开始在市民中普及。男装三件套仍然是原来三件套的延续和演化，其中男上装因穿着场合的不同，款式上分为四种：

夫拉克外套（Frock coat）

日间常服，其款式特征为：衣长及膝，直摆门襟，双排扣4–6粒，多使用黑色毛呢衣料。

燕尾服（Tail coat）

夜间的正式礼服，翻领戗驳头，前片与腰围线等长，后片分成两个燕尾，长至膝盖，衣料多为黑色或藏青色驼丝棉、山羊绒或精纺毛织物。

晨礼服（Morning coat）

其款式来自以前的骑马大衣，衣长至膝，前襟成圆弧状自腰部斜向后裁，后片的开衩一直向上至腰际，饰有两粒纽扣，用料主要是深色毛织物。

便西装（Lounge suit）

这种服装样式是近世西服的前身，19世纪后半叶的男子在非正式场合穿的便西装，通常也需要和背心、长裤组合为三件套。这种西服衣长到臀部，稍收腰身，英语通常将这种西服称jacket（并非中文的夹克）。衣料品种很多，素色、条格均有涉及。以上的长款服装通常是当时有地位的穿戴，而这种短西服曾是下层人穿的，但渐渐成为普通男子的日常外出便装，最终成为下一世纪的基本男装。

图 7-15 衣着华丽的欧仁妮皇后和宫女们

基莱马甲 (Gilet)

此时的马甲种类很多，其用料、颜色通常与外套一致。不同款式分别对应相配套的夫拉克外套，如双排扣的马甲多与运动型外衣搭配，而 V 字领单排扣的马甲则用于晚礼服，有翻领的马甲则用于白天的礼服。（图 7-14）

长裤 (Pantalon)

长裤为筒状，臀部宽松，下略呈锥型，裤长至鞋面，在正式晚礼服中，使用脚踏裤，并在侧缝用条状物装饰。

女子服装

所谓“克里诺林撑架裙”就是该时期女装的最大特点，即硕大无比的撑架裙盛行一时，女裙越做越大，硕大的撑架减少了衬裙数量，内有笼骨架，像个硕大的鸟笼，故也被称为“鸟笼式”撑架裙。法国式撑架裙趋于前平后长，利于行走，造型美观。“克里诺林”撑架裙成为那个年代妇女的必要衣着，更有甚者，其裙摆周长达 10 码。这是欧洲撑架裙最硕大最夸张的时期。（图 7-15）

克里诺林撑架裙 (Crinoline)

克里诺林撑架裙是用鲸须、铁线和藤条做裙撑的撑架裙。这种裙子主要特点是大的裙撑，50 年代末开始用鲸须、鸟羽茎骨、细铁丝、藤条做形似鸟笼的轻型新裙撑，然后在裙撑上覆盖一条条华丽的裙子。这时期的女裙装饰繁复，裙子表面常使用横向

图 7–16 克里诺林裙撑讽刺漫画

的艳色褶裥作为分割，有三五段，直至一二十段的多种样式，与之相呼应，镶有蕾丝花边的喇叭状袖形是为时尚；克里诺林撑架裙的领口延续了浪漫主义时期的高领和 V 形大开领，通常也装饰蕾丝。初期的克里诺林造型多为圆形，加之材料的挺硬效果，给出行带来诸多不便。这种克里诺林在法国流行后，大为欧仁妮皇后所钟爱，她喜欢的裙式造型前部平坦，后面逐渐延展，一度风靡整个欧洲社交界。（图 7–16）

紧身胸衣（Corset）

紧身胸衣是撑架裙的孪生姐妹，伴随着撑架裙的膨大化，胸衣的下部造型越来越尖，这更强化了腰部的纤细效果。

［小资料］

女裤和妇女解放运动

19 世纪女权运动兴起，一些国家的女权主义者开始通过利用服装来强化女性社会地位，试图改变女子不着外裤的习俗，企图推行与男人一样着裤。美国的女权运动先驱 A. 勃洛姆 （Amelie Jenks Bloomer）推出了一种举世瞩目的新型女装——灯笼裤（也称勃洛姆裤），这件先锋的行头成为女性们争取男女同权的大胆尝试，但很快灯笼裤在美国遭到非难，由于其形式不雅，未能被广泛接受，那一次的女裤仅仅是时装史上的一瞬间而已。

图 7–17 画家修拉的《大碗岛的星期天下午》记录了巴斯尔时期的时尚

五、巴斯尔裙时期（19 世纪末叶）

到 19 世纪 90 年代，服装廓型发生了改变，美国人将 19 世纪最后的 10 年称之为“华丽的 90 年代（the Gay Nineties）”，在法国这一时期则被叫做“美丽年代（La Belle Epoque）”，这两个名字都传达出一种艺术繁荣的意味，体现在服装上则呈现出华丽、优美的特征。

巴斯尔，是英文 bustle（臀垫）的译音，通常用铁丝、鲸须等制成臀部的撑架，穿着时辅以衬裙，夸张臀部线条。“巴斯尔臀垫时代”在流行时间上短暂，但其独特的造型深深烙在了近代服装历史上。（图 7–17）

男子服装

19 世纪八九十年代，艺术领域的各种尝试直接影响了当时的服装，如拉斐尔前派、唯美主义运动等，其中作为唯美主义运动创始人王尔德（Oscar Wilde）曾这样描述唯美的装扮：“天鹅绒的套装、宽松合体的夹克、柔软宽阔的衣领、平滑的领带。”

男子套装

由于男装近现代化较早确立，这一时期的男装仍然延续了此前的男子三件套（上衣、长裤、马甲）经典款式。有所创新的是，内衣出现了现代造型的衬衫，其特点是翻领，有领座，袖口的克夫上浆变硬。

图 7–18 领带是此时男子的时髦饰物

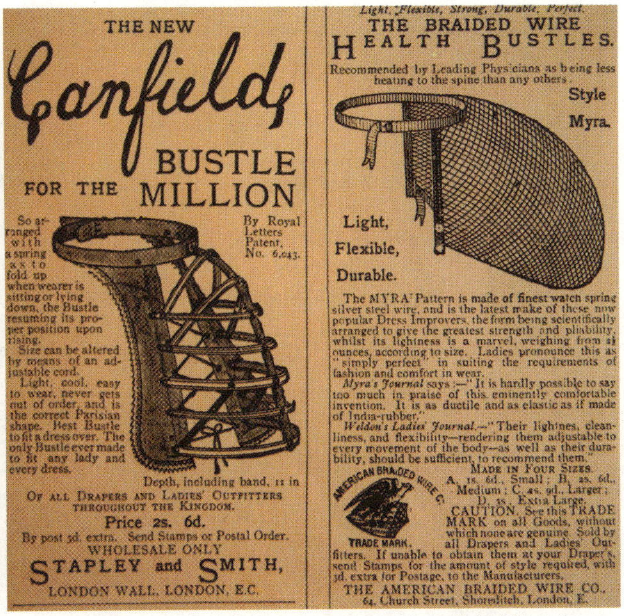

图 7–19 巴斯尔裙撑广告

领巾／领带（Scarf/Necktie）

男子衣着方面渐趋简约，但配饰细节方面亦十分讲究。系在脖颈的领巾称为斯卡夫（scarf）和以后细长的领带（necktie）流行，初步奠定了现代男装的领带雏形。据说最早的领带源自英国马车夫的领带装束。（图 7–18）

女子服装

19 世纪末叶可以说是巴斯尔裙的黄金时期，对女性臀部的夸张也达到了极限。克里诺林撑架裙已经衰落，女装造型虽然开始收敛，但华丽夸张的矫揉造作风格依旧，女性的线条依旧通过服装强化第二性征。颇有趣味的是，该时期女装曲线美的重点放在臀部，使用臀垫来塑造女性后凸的臀部，强调“前挺后翘”的外形特征。

巴斯尔裙（Bustle）

这一时期的巴斯尔造型与以前的女装大不相同，巴斯尔臀垫既不是衬裙，也不是撑架裙，而是两者的结合，即上半部为撑架，下半部类似裙裾，成为臀部后翘的特殊造型，当时的广告将这种裙子称之为“科学、健康的”巴斯尔裙。其实这种裙式流行时间不长，但在当时世纪之交之际，正是欧洲贵妇华贵衣裙的最后绝唱。（图 7–19）

[阅读资料]

19世纪以来的时尚

时尚既然发生于一个充满着社会变动的，以激烈的阶级和政治冲突、城市化和美学创新为特征的生气勃勃的世界，时尚在19世纪显得更加繁荣就不足为怪了，因为在19世纪，伴随着法国革命和英国工业革命，社会的震荡达到了一个新的顶峰。变化得极度狂乱的步伐一直持续到20世纪早期，那些值得大书特书的社会与政治的动荡在两次世界大战中算是登峰造极了。“现代性”一词抓住了戏剧性转变过程中的社会的理念，所以它也同样适用于我们理解这一时期时尚变化的加速度节律。正如布鲁瓦德所指出的：“如果我们可以把关于维多利亚时代的衣着的谈论放在许多论题中的一个主要论题之下的话，那就是‘现代性’的问题及其观念了。”威尔逊也用现代性的概念来考察19世纪及20世纪的时尚，因为“如果要阐明人类在工业化资本主义社会中对于以变动不居为其特征的文化生活以及由时尚如此充分地表达出来的新奇生活的向往，现代性似乎还不失为一种有用的概念”。现代性唤起了20世纪一系列的社会文化的大发展：工业化、资本主义的突飞猛进、城市化、注重私密性的个人主义的兴起以及“大众”文化的发展，这些真是不胜枚举。

……

工业化改变了时尚的性质：服装生产的新技术的发展（比如缝纫机的发明）激发了（尤其是为男性）制作便宜的可以大批量生产的服装的新的要求。再者，战争刺激了制服的需求，而新的工业岗位的工作（比如美国的铁路部门）则要求廉价和耐磨的服装。在那个年代，男人的服装在制作上的工业化远远超过了女人的服装，女人的服装大批量生产的还是很少，仍然更多地仿造高级女子时装的模型来制作。服装生产向着工业化的转变改变了时尚系统的结构，在此之前，时尚系统都建立在“把活拿出去请人定做”的模式上。这就导致了血汗工厂、艰苦的非人道的往往还非常危险的制造场所的出现。

持续的城市化进程也刺激了时尚的发展，为服装的展示和传输提供了更加广阔的舞台，还为对城市生活热爱提供了一种有力的保障。日益加剧的城市化进程带来了新的可能性，这里有更多的社会交往的机会，对于19世纪晚期的妇女来说更是如此，因为她们在城市里生活，可以经常去百货公司和咖啡馆等“体面的”地方；但是与此同时无论在宏观还是在微观层面都产生了不少问题：城市的扩张使人们对变动中的社会秩序产生疑惧，一些知识分子则表达了对“大众”社会即一个无个性有时还充满了暴力的“流氓”的社会的崛起的疑惧。

……

所有这些发展是如何和时尚与衣着发生关联的呢？在现代社会的这样一个世界里，时尚获得了一种新的含义：它是现代人用来确证其身份认同的一种工具。人们借助时尚与衣着可以隐秘地漫游于城市（或者相反，借助时尚的魅力而引人注目），由此，时尚与服装成了保护个人生存的一道必要的“屏障”。人们可以用时尚来为自己获得一种令人印象深刻的“个体的”身份特征，但与此同时它也可能凸显出一致性，因为时尚本来就是对某种清一色东西的强化。一致性与个体性、私密性的自我和公开的形象之间的两重性一直就产生出关于时尚与衣着的许许多多的争议。

——[英]乔安妮·恩特维斯特尔．时髦的身体．桂林：广西师范大学出版社，2005，133—135

思考题

1．试述新古典主义时期服饰对古典服饰的哪些特征进行了借鉴。

2．克里诺林时期服饰最典型的特点是什么？

3．分析欧洲女装强化女性性征的审美价值及其弊端。

第八章
20 世 纪 欧 洲 服 饰

20 世纪是一个神奇的年代，许多标志性的事件和转折点在此发生。1914 年第一次世界大战的爆发，标志着世界步入现代历史的进程。随着步入工业时代，人类有如神助，在短短的一百年间将整个社会推进到前所未有的高度：汽车和飞机成为重要的交通工具，航天器的发明让人类迈入了对宇宙探索的新阶段，电台、电影、电视、电脑的普及使信息得到更广泛地传播，20 世纪末叶互联网的兴起将人类带入一个知识大爆炸的新时代……随着技术的发展，人们的物质生活得到前所未有的提高，意识形态出现了翻天覆地的变化，时尚审美迅疾发展，服装历史掀开了史无前例的崭新一页。

一、20 世纪历史背景与时尚

20 世纪社会经济形态的变化深刻地影响了人们的观念、审美等方方面面，使之在意识形态领域呈现出无比活跃的态势，在艺术领域则掀起了对以往艺术观念和形态的全面挑战。在历经两次惨绝人寰的世界大战、全球性的经济危机、能源危机等洗礼，社会发生翻天覆地变化的同时，时尚界也经历了一个前所未有的时代。世纪初的女人还穿着塑形紧身衣，包裹得严严实实，但到 20 世纪中叶的现代女性已经可以穿着比基尼、迷你裙；一战以后妇女迅速由家庭走向社会，女装出现机能化大变革，夏奈尔（Chanel）的简洁端庄的女套装被视为经典。到 20 世纪下半叶的朋克时装、乞丐装、牛仔装挑战世纪初的女装经典。20 世纪巴黎的高级时装业曾经引领世界的时尚潮流，但在二战后成衣业迅猛发展，成为服装流行速度的催化剂，继巴黎之后，世界出现了伦敦、米兰、纽约等多个时装中心。时装产业成为 20 世纪最活跃最重要的产业，其变化之迅速令人目眩，这正是20世纪服装的特点，即“时装”，即迅捷变化的“时尚”，即一个十分普及的英文单词：Fashion。

20世纪的时尚业是设计师的天堂，恰到好处把握时代脉搏的设计师往往成为时代偶像。由于男装早在第一次工业革命时期就已经进入现代化，因此，在整个20世纪服装业发展过程中，女装的现代化过程是所有变化中最为重要的主线，女装设计师则成为时尚的核心，是时代的弄潮儿。艺术对服装的影响从世纪之初就显现端倪，设计师与艺术家跨界合作，服装不仅仅供人们穿着，更成为一种艺术品，有时甚至很难区别，到20世纪末，后现代主义、后工业时代将时装带入一个更加多元、更加丰富多彩的时代。

20世纪的服装作为时代精神的体现者，始终应时而变，多姿多彩……就像现代艺术那样发展迅速，变化多样，尤其女装呈现了历史上前所未有的丰富多彩，其发展轨迹很大程度上不同于以往的服装历史，且与我们读者的距离最近，所以本章的结构和叙事方式稍稍不同于之前的章节。

二、现代女装的开端（20世纪初）

新世纪的钟声敲响之际，人们仍然陶醉在服装的华美气息中，紧身胸衣的使用与贵族沙龙审美趣味的兴盛，使过往贵族阶级的奢侈服饰依旧流行。世纪初的女装似乎与新世纪的现代服装相去甚远，然而，这期间以工业成就为主题的世界博览会举办，新艺术运动遍及欧洲，女权运动悄然兴起……虽然服饰审美的变化往往不及工业的步伐，但服饰的变化正在这看似平和的盛世中悄然酝酿，所有的变革潜移默化地展开。

S型女装——吉布森女郎(Gibson girl)风格

上个世纪的巴斯尔裙装样式已经被抛弃，20世纪之初的女人们用紧身胸衣将身体塑造呈优美而流畅的S形曲线，再搭配包裹臀部、下摆张开呈喇叭形的长拖摆裙子、从肘部以下收紧的羊腿袖、极高的衣领、以及精心卷曲的发型、装饰过盛的帽子。整个女性的躯体就像一个装饰品，其风格展现出成熟女人的美丽曲线，与当时刚刚即位的英国国王爱德华七世的嗜好吻合，代表了这一时期奢华的贵族审美趣味，因此人们又称其为“爱德华时代（Edwardian）”风格。（图8-1-1、图8-1-2）

这种流行欧美的时髦风尚被美国插图艺术家查尔斯·达纳·吉布森（Charles Dana Gibson）大量地描画。他笔下的女郎虽然被紧身胸衣勒成S形，但性格倔强独立，活泼好动又美丽自信，成为华丽高贵“新女性”的典型代表而风靡欧美，是S形女装的最佳代言人。人们把这种着装的女子称为“吉布森女郎”，常穿的长裙配华丽绣花衬衣的款式被人们称为吉布森风格或吉布森样式，流行在世纪初期。

图 8-1-1 爱德华时期风格的女子外出服即"吉布森女郎"样式。

图 8-1-2

图 8-2-1 波阿莱东方风格设计作品

图 8-2-2 蹒跚裙

20 世纪的时尚与艺术设计潮流有着惊人的契合，这种 S 型女装恰与世纪之交流行的新艺术运动风格惊人的契合，成为新艺术设计运动在时装领域的反映，共塑世纪初期的时尚风貌。

[小资料]

新艺术运动（Art Nouveau）

新艺术运动起源于法国、比利时，是 19 世纪末 20 世纪初在欧洲发展的一次影响相当大的艺术运动，其影响蔓延到欧洲、美国甚至亚洲。

新艺术运动的主要特征是流动的装饰性曲线造型，特别是花卉植物、藤蔓等非对称自由流畅的连续曲线，以及其他优美的波状形体。日本木刻画以其曲线的图案外观、强烈对比的空间和平坦的画面，同样启发了新艺术运动。自此以后，某些线条和曲线图案成为新艺术运动艺术家们最常用的表现方法。值得注意的是，作为 20 世纪设计运动中最有创新力的先行者，新艺术运动虽然没有否定机器的作用，但是其精细的、非几何形态的设计风格并不适合大批量机器生产的方式。

东方风情时装与设计师

自从上个世纪沃斯开创了高级时装，时装界的设计师们给予现代时尚更多的影响，作用越来越举足轻重。所以 20 世纪的时装历史几乎也是一部时装设计师的历史。

20 世纪初期（约 1903–1914 年），法国时装设计师波阿莱（Paul Poriet）成了巴黎高级时装最重要的地位，他的东方元素设计风格使他有机会改变早年欧洲妇女的穿衣方式。1907 年前后，波阿莱推出直身的裙装，S 形女装开始朝细长的帝政样式发展：腰线逐渐上提至胸下，人们开始穿加长至膝盖的紧身胸衣来适应这一变化，使女人的形体看上去更加纤细。随后，他丢弃了紧身胸衣，仅用胸罩来为胸部塑形，这成为波阿莱对现代时装重要的贡献之一，正如他本人所说：我释放了女人的胸部，还她们的身体以自由。

图 8–3 探戈鞋从裙子前部的开衩处露出来，鹭鸶羽毛的头饰是当时的流行风尚

波阿莱最让人瞩目的才能就是使用东方风格的设计手法。当欧洲正处在农耕文明向工业文明转型时期，欧洲女性的服装却在东方寻觅到灵感，正是这位设计师将东方的服饰风格带到西方时装界，让东方风情的时尚在世纪之初红极一时（图 8–2–1、图 8–2–2）。1912 年，波阿莱设计了一种上衣宽松，裙子却紧窄到使人无法迈步，步履蹒跚的款式，故命名为蹒跚裙（hobble），这种款式使女人们只能像日本艺妓那样迈着小步子前进。以后波阿莱继续延续东方风格，推出异国情调扎的灯笼裤，搭配直身套头衣、阿拉伯式包头巾、串珠项链和浅口拖鞋，再加上宽松外套和东方阳伞，极富异域风情。他给 20 世纪初期众多时尚打下了醒目的烙印。（图 8–3）

除了波阿莱以外，20 世纪初涌现出众多时装设计师。1893 年，卡罗姐妹（Callot Soeurs）在巴黎开时装屋，最初以经营蕾丝起步，后来迅速发展成制作精美服装及蕾丝和刺绣的高级时装屋。简 · 朗万（Jeanne Lanvin）的高级时装屋以独特的浪漫风格见长，在巴黎赢得广泛的声望，该品牌延续至今。英国设计师达夫哥顿（Duff Gordon）结合戏剧与性感女人味的设计获得了世界范围内的成功。19 世纪末，法国女设计师简 · 帕康（Jeanne Paquin）开设了帕康时装屋，很快成为当时最大且最有风尚影响力的品牌，吸引了大量追随新时装潮流的时尚女性。波阿莱、帕康和其他设计师开启了一战前的时装繁荣，设计师把握了 20 世纪的时装话语权。

[小资料]

第一个专利文胸的面世

1914 年，美国人 Mary Jacobs 为世界上第一个文胸申请了专利。虽然早在 19 世纪末，女性内衣款式中就出现了与束腰分离的胸罩，但作为专利记录在案却是第一次。得到消息后，Poiret、Lucille、Vionnet 等设计师纷纷表示，新的专利胸罩最适合表现他们的全新设计风格，极力劝他们的客户放弃紧身胸衣。专利文胸的面世为现代服装的流行奠定了全新的基础。

图 8–4 小太妹代表人物，影星波拉·尼格丽

三、现代女装的形成 （20 世纪 20 年代）

第一次世界大战对西方服装的现代化进程起到不可估量的作用。尤其是妇女在战时作为后勤补给的不可或缺的力量，走出家庭，走入社会，积极参与各类社会工作，她们的穿着变得更为舒适实用，加速实现了女装的现代化。战争结束后，妇女们不愿回到家庭里担任花瓶的角色，女权运动进一步使她们获得了与男人同等的工作的自由。

战后人们的审美价值观经历暴风骤雨般的改变，新的观念、新的艺术和新的生活方式令世界迅速变化。爵士乐兴起、探戈舞流行、电影普及，新面料问世、生活节奏加快，引发了时尚的新观念；妇女解放运动兴起，走出家庭的新女性冲破传统的道德规范，大胆追求新的生活方式。女人的裙子趋短，至膝盖以下，头发剪得非常短，裤子也不再是男人的专利，一种否定女性特征的审美风潮出现。

图 8–5 1921 年的法国时尚杂志插画

男童式女装与夏奈尔装

20 年代女装兴起一股向男装靠拢的潮流，这一潮流源于美国电影《小太妹（The Flapper）》。随着电影的风靡，影片中女孩们那种男孩般的装束也随之被大众所效仿，一种“男童式女装”风格悄然流行。短发、平胸、直腰是这一造型的三要素，其基本款式是：宽松的无袖直身裙，胳膊外露，腰线降至臀围线，吊袜带，高跟鞋。此外，她们的化妆也十分另类，涂黑眼圈，用“防吻口红”塑造出像被蜜蜂蛰过般的丰盈嘴唇。为了打造这种直线造型，一种全新的长达臀部的塑形内衣出现，与之前曲线形紧身胸衣不同，这种塑形内衣的作用是尽量使胸部平整，使女人呈现男孩般的外形。与此同时，遮盖短发的钟形帽（cloche）开始流行，现代女装是在模仿男式装束的过程中逐渐完成。（图 8–4、图 8–5）

[链接]

电影《小太妹》（The Flapper）

1920 年由美国弗朗西斯马里恩（Frances Marion）编剧，奥利弗·托马斯（Olive Thomas）主演的电影《小太妹》（The Flapper）。随着电影公映的大获成功，剧中女孩的装束也广为流行起来。

电影里的小太妹蔑视常规的社会准则和性别规范，追求妇女地位，要求选举和投票权，骑自行车、开汽车，对性行为轻率，跳爵士舞，吸烟喝酒，被视为女性的“新品种”而流行一时。当1929年经济大萧条降临时，小太妹式的享乐主义的生活方式变得不再适应时代而退出流行。然而，20年代建立起来的自由时尚的生活方式和自信独立的女性形象，却持久地成为现代西方社会不可或缺的组成部分。

图8-6 夏奈尔与自己设计的套装作品

法国时装设计师夏奈尔（Gabrielle Chanel）是20世纪最重要的时装设计师，她的设计充分理解和把握时代精神，引导现代女性的着装方向。她大胆抛弃传统女装中娇媚的形式，将男装的某些要素注入女装中，令夏奈尔女装展现出现代女性的气质。青春男孩般瘦削的身材，洋溢着健康的栗色肌肤，以及极短的头发——她本人就是她设计理念最好的模特。

在最初进行帽子店的尝试后，1913年夏奈尔在巴黎坎朋街21号开了第一家时装店。她以“我解放了身体”为自己的设计哲学，创造性地设计出经典的现代女性套装。在她的设计生涯中，她设计了无数现代女性的服装，如运动套头衫搭配百褶裙、三角围巾和长串的人造项链的特别装束。之后，她使珠宝成为着装必不可少的要素，果敢的把晚礼服的长度缩短到与日装一样，将礼服朴素、单纯化。1921年的著名夏奈尔5号香水问市，其造型与香型都成为20世纪的经典。（图8–6）

夏奈尔曾经对超现实主义画家达利说，她的一生只做了一件事，就是把男人的着装变成女人的外套、发型、领带和袖口。夏奈尔一生致力于为现代职业妇女设计制作“尽可能简练朴素的服装”，款式简单，花呢套装、人造珍珠项链装饰，成为夏奈尔时装的特有标志。夏奈尔时装的线条硬朗，有着明显的直线，这种风格与当时的“装饰艺术（Art Deco）”设计运动的风格，以及现代主义艺术有着异曲同工之妙。她使服装的概念前进了四分之一个世纪，人们也常把这个时期称为“夏奈尔时代”，不朽的夏奈尔风格为这个世纪树立了丰碑。她是时装设计大师中为数不多能走完艺术生命全程并永获成功的天才。如果说波阿莱改变了妇女的装束，那么夏奈尔则真正开始了本世纪时装的变革。

尽管男装在19世纪已经抛弃了贵族式的长外套，短西装、三件套成为男士的基本着装，但在20世纪20年代欧美男装尚有少许变化，这时期的男西式套装流行格子花呢，西裤也兴格子呢料。重要场合的男子着双排扣西装，外出流行穿大衣，束腰，大翻领，头戴呢帽；英国乡绅流行猎装，格子呢料短夹克，下穿马裤，两截色的皮鞋。

[链接]

小黑裙（the little black dress）的诞生

在20世纪20年代的欧洲时装历史里，有一款称之小黑裙（the little black dress）的女装可谓时装界中最重要的里程碑，从这一简洁的服装款式中，我们看到20世纪主导的社会文化趋势，现代感极强又充满女性尊严、性感而又不矫揉造作，是这一时代理性与感性魅力的最佳结合。

人们一般认为，这款小黑裙的“父亲”是让·巴度（Jean Patou），“母亲”是夏奈尔（Chanel）。巴度是运动生活方式的先锋，创造了建筑般的线条，而夏奈尔则打破了常规，采用了当时只有佣人使用的黑色。1926年，法国版Vogue刊登了由夏奈尔设计的黑色小礼服裙的设计草图，绉纱质地、高领线剪裁、衣袖修长合体、裙长至膝盖，没有衣领、没有纽扣与刺绣，也没有繁复的层次或流苏，没有任何多余的修饰，线条流畅，极致简洁。

之后的数十年间，这款短小的黑裙礼服被诸多女明星穿着。小黑裙已经成为女人经年不变的迷恋，在时装史的众多转折点上，小黑裙不断地被重新演绎，成为所有时尚人士共同的心头所好。

[小资料]

装饰艺术运动（Art Deco）

装饰艺术（Art Deco）一词起源于1925年在法国巴黎举办的现代工业装饰艺术国际博览会（Exposition Internationale des Arts Decoratifs Industriels et Modernes），指的是20世纪20年代的因工业文化所兴起的机械美学风格，常用机械式的、几何的、纯粹装饰的线条来表现对称简洁的几何构图，并以明亮且强对比色来彩绘。随着欧美资本主义国家向外扩张，远东、中东、希腊、罗马、埃及与玛雅等古老文化的物品或图腾都成了装饰艺术运动的装饰素材。

此风格不仅反映在建筑设计上，也影响了当时美术与应用艺术的设计格调，如家具、雕刻、衣服、珠宝与图案设计等等。以简洁、朴素的直线型为特征的20世纪20年代服装样式明显受到这种艺术思潮的影响。美国纽约曼哈顿的克莱斯勒大楼（Chrysler Building）与帝国大厦（Empire State Building）是装饰艺术运动的典型作品。与新艺术运动（Art Nouveau）相比，装饰艺术运动采用手工艺和工业化的双重特点，采取设计上的折衷主义立场，设法把豪华的、奢侈的手工艺制作和代表未来的工业化特征合二为一，产生一种有着更广阔发展空间的新风格。

四、女性的回归与战时着装 （20世纪三四十年代）

随着疯狂的20年代的渐行渐远，历史进入20世纪30年代，女人着装又开始重现女性趣味。从30年代中后期开始，很多国家进入经济萧条期，战争的阴云亦开始笼罩欧洲。设计师开始敏锐地以军装风格服装为灵感，设计出一系列搭配低跟鞋的方肩服装，似乎准备为将来更为功能性的穿着做准备。耐人寻味的是，一方面被战争的阴云笼罩，另一方面这时期的时尚似乎刻意要与军服风格作斗争，更加女性化的设计出现在这个时期，强调腰线成为这时期的重点。

女性情趣的回归

战争来临前夕，流行风尚从小男孩转向成熟女性，女装强调丰满的胸部和腰身曲线，更让贤淑而有教养的女性形象回归到社会。由于烫发技术的改善，女性的头发变得更加柔软而漂亮，带帽檐的浅口小帽流行，更加强调女性魅力的时尚出现。尼龙的发明和尼龙丝袜的诞生，使女性的腿部变得更有魅力。这一时期最有影响力的时装设计师有维奥耐（Madeleine Vionnet）和夏帕瑞莉（Schiaparelli）等。

维奥耐（Vionnet）和斜裁技术

维奥耐是30年代初最重要的设计师，她的设计朴实素雅，裁剪精良。在服装史上，维奥耐的名字意味着高超的服装艺术和独特的裁剪方法。在造型上，她废除了传统的利用硬骨衬的高领和紧身胸衣的构造，使外部轮廓线更为潇洒自然。她研究面料的悬垂特性，发明了独特的斜裁技术，巧妙地运用面料斜纹中的弹拉力进行斜向拉伸，使面料达到最好的修身和悬垂效果。她的设计自然、漂亮、贴合人体。更令人称奇的是，她的服装不需要像常规那样在边侧或后背打开，而是不使用任何纽扣、别针或其他系缚物，仅仅利用斜纹之伸张力，就能轻易地穿上脱下。她还用斜裁法创造了当时名噪一时的露背式晚礼服，这种露背宴会装也是西方礼服上的一大创举。她的精湛技艺令同行望尘莫及，她那独特的斜裁法风靡服装界。

维奥耐的设计从不媚合俗世，迎合潮流，然而在她的服装里却蕴藏着一种永恒的、至今令人叹为观止的美。如果说雕塑家创造的是立体造型，那么称维奥耐为“面料的雕刻家”实不为过。她毕生追求具有强烈生命力的造型，是时装界杰

图 8-7 维奥耐作品

出的技术天才，她的技术水平无人企及。（图 8-7）

夏帕瑞莉（Schiaparelli）与超现实主义

夏帕瑞莉是意大利人，出身名门，是 30 年代巴黎时装界的杰出代表人物。她的艺术素养和现代审美趣味使她在巴黎时装界中声名鹊起，她使自负的“时装女王”夏奈尔也不得不刮目相看。

与夏奈尔的直线造型不同，夏帕瑞莉更注重女性的腰臀曲线，追求自然美与古典美的统一。她的设计重在色彩和与众不同的装饰手法，一贯主张新奇、刺激，“语不惊人死不休”。她的用色犹如野兽派画家般强烈、鲜艳。罂粟红、紫罗兰、猩红等都是她的色彩，后来她还推出了使她声名大振的“惊人的粉红色(Shocking Pink）”。正如法国舆论界的评论：她具有马蒂斯的风格。她的出现为平直的时装界带来了新的活力。

夏帕瑞莉卓绝的创造力和想象力得益于她青年时期的艺术训练和游历生活。她将巴尔干人服装上的大贴袋用于夹克衫，把东方的原始味印花布用于时装。此外，她设计的许多装饰性细部都出乎意外地让人耳目一新，她设计的西服翻领形状有茶匙、鸡心、三角等多种形状；她的“Shocking”香水瓶设计成沙漏器状的蜂腰人体；她设计的女式拎背包在打开时伴有音乐声或饰有发出闪烁磷光的装饰物。此外还有鞋状的小帽、装有办公桌抽屉式口袋的外套、蜻蜓形的围巾等等。

她的艺术天赋使她特别钟爱前卫艺术，尤其喜欢超现实主义艺术，并和这些艺术家们都保持着深厚的友谊。她常常把超现实主义、未来主义画家们的画及非洲图腾文身运用在她的设计上，使每件服装像一幅超现实主义的艺术品。别具一格、出奇制胜的构思，始终是她的创作指导思想，夏帕瑞莉还是将拉链用到时装上的第一人，当她装有拉链的时装、沙滩装首次问世时，人们惊叹不已地称她“闪电般地扣完了所有衣裳”。此外，她还是第一个把化纤织物带入高级时装界的设计师。夏帕瑞莉的设计虽然奇特却不失高雅，她改变了 30 年代顾客的形象，亦满足了人们重新对奢华的渴望以及追求新奇变化的心理。

战时与成衣化的时代

1939 年至 1945 年的第二次世界大战，让全球时尚几乎停摆。但战争促成了另类服装的革新，影响到当时女装及以后的潮流。在战时产生的防水风衣、飞行夹克、斜纹棉布裤、羊毛衫甚至 T 恤，都在以后成为人们常用的生活装。尤其在男装方面，这些战时的服装亦成为以后的某些经典，甚至成为时尚。如电影《北非谍影》中亨佛利·鲍嘉穿着的双排扣防水风衣成为经典的战壕夹克（trenchcoat），其防风挡雨收紧衣身的腰带，及原用来携带手榴弹的 D 型扣环，都成为必不可少的细节。T 恤成为现今大众的衣着潮流也与此有关，1942 年美国《生活》杂志以身穿白色 T 恤美国大兵为封面，使原本是内衣的 T 恤成为时尚。

受两次世界大战交流阻隔的影响，原先一直从巴黎获取时尚咨询的美国人不得不转变策略，美国设计师开创属于美国的设计风格，同时与生产商合作，建立了先进的成衣开发机制，摸索出了与之相适应的工作方法。简单来说就是设计师每季开发的系列产品，做成样衣，供订货商挑选和订购，随后投入工厂进行批量生产，成衣业得以蓬勃发展。战后，在美国的带动下，欧洲国家成衣化步伐加快，人们的衣着消费越来越依赖于工业化的时尚产业，欧美国家开始了大踏步迈向成衣化的时代。

[链接]

战时着装的配给制度

战争期间物资匮乏，政府到民众都被要求厉行节约。从电影院到婚礼，从餐厅到节日庆典，处处都是穿着制服样式的男女，无时无刻不在提醒人们战争正在进行。在英国，从 1941 年 6 月开始实行配给制度，从食品到服装都需要凭票购买；1942 年，美国也开始实行类似制度。战争初期，每人一年有 66 张配给票用于购买穿着所需，战争中期，服装的配给票减少到每年 48 张，到 1945 年，配给票低至每年 38 张，直到 1952 年，物品的配给制度才宣告结束。值得一提的是，虽然限制购买量，但是买服装还是要花钱的，对于贫穷人家来说，有可能手持配给票也买不起衣服。

1942 年，英国政府还发布禁止奢侈浪费的 CC41 号法令，明确规定生产商禁止在制作服装时使用漂亮的滚边、用于装饰的扣子、没有实际功用的缝线和褶皱以及多余的口袋。如果生产商花时间装饰衣服并用于盈利，就会触犯法律并被人认为不爱国。在这种服饰高压政策下，服装变得极为实用化：方肩，短裙，坚持用料最少的原则，扣子控制在 3 个，取消翻折的袖头，裙长过膝……

五、新风貌（New Look）与造型时代（20 世纪 50 年代）

战后，欧洲经历了一段萧条时期。物质匮乏，百废待举，持续的配给制度压抑了消费欲望，也阻挡了人们对美的追求。1947 年，法国时装设计师迪奥（C.Dior）推出的“新风貌（New Look）”系列，无疑为战后萧条中的欧洲带来一股暖风，“新风貌”迎合了人们对美的渴望，顺应了时代要求，大获成功。迪奥开启了时装界以塑造形体为特色的“造型时代”，也因此成为 50 年代最重要的时尚代言人。

50 年代后期，人们的物质生活变得优越，战后婴儿潮也造就了新一代青年，“年轻文化（Youth Culture）”的崛起与发展，使西方文化流行重心尾随这些青春脚步向前迈进，也为日后以年轻次文化为重心的年代埋下了伏笔。

迪奥（Dior）与女装造型

战后不久的 1947 年，巴黎的时装设计师迪奥发布了战后新装，模特展示的服装让在场所有的女士都激动起来：圆润精巧的肩线，凸显胸部线条的剪裁，束细的腰围，用硬衬撑起、长及小腿中部的宽摆长裙……所有的设计细节都旨在突出女性的魅力。在仍然笼罩在战后阴云下的环境下，这一设计无疑在向仍然穿着战时男性味制服的女性大声宣告，战争已经结束，大胆地追求美吧！当时最具影响力的 Harper’s Bazaar 杂志总编由衷地赞叹：“这是一种新风貌（new look）！”（图 8–8）

图 8–8 Dior 的新风貌

新风貌宣告了战争阴霾的结束，和平已经来临，在当时的时装界赢得了极大的声誉，但本质而言，它仍然是西方古典女装样式中强调胸、腰、臀等女性曲线魅力的回归。因此，也有评论家尖锐地指出，迪奥用硬衬、胸衣等非自然手段塑造人体得到的新风貌，并不能适应女性日常活动的功能性需求，终究是一种旧观念。对此，迪奥的回应十分简单：“我只是想让女人重新变得美丽。”（图 8–9）

之后，迪奥又推出了 Z 字形、翼形（wing line）、椭圆形（oval line）、郁金香形（tulip line）、圆屋顶形（coupole line）、H 形（H

图 8–9 Dior 的新风貌由旧有的方式制作而成

line）、A 形（A line）、Y 形（Y line）、箭形（arrow line）、磁石形（magnet line）、纺锤形（spindle line）等十几种服装形态。由于迪奥一生都在追求服装形态的变化，因此人们又称这一时期为“造型的时代”。

高级成衣业的崛起

随着时代的发展，人们对服装的需求量也越来越大。与此同时，社会民主导致那些高级时装业的市场日趋萎缩，以美国为主导的世界成衣业的发展，使得法国的高级时装业备受打击，人们隐约感受到这一传统产业的局限性，高级时装的从业者们不得不寻求变革。与之相矛盾的是，法国高级时装设计师们对自己作品批量化的反感，成为高级时装变革的重要阻碍。最后在经济利益的权衡下，巴黎的高级时装设计师终于做出了让步，他们开始将高级时装发布会发布的作品中比较便于成衣化生产的，或被认为能引发大众流行的款式，简略化后在成衣工厂进行批量生产。与一般成衣相比，高级成衣不仅用料讲究，而且在裁剪、缝制工艺上也部分保留了高级时装的特点。虽然价格远远高出普通成衣，但是只有高级时装价格的六分之一。这一变化受到更多高级时装客户的欢迎，高级成衣业开始成为品牌的主要盈利来源。

[阅读资料]

高级成衣业在法国的曲折前行

不幸的是，法国高级时装业与成衣工业之间的合作，至今为止尚未起步。我认为那是个错误，高级时装大师们不想让他们的新款马上通俗化，而成衣商们也很安静守礼地认同这种想法。于是我们错过了一个绝好的机会，法国错过了拥有国际最高水准、最大规模成衣工业的机会。而与此同时，国外的成衣业却在势不可挡地发展壮大，他们来到法国，向高级时装大师们购买新款新样，再由本国批量生产出高水平的产品。在美国和欧洲，这样的例子比比皆是。所以，这些国家的女性们比法国女性有更多的机会购买法国品味的便宜裙子！

……

那个时代也开始出现这样的现象，客人们如果想买大衣或运动外套的话，有时就不太愿意支付高级时装的价格，因为这些宽松的款式并不需要怎么试衣。而且，有时为了制作方便，那些高级时装品牌也会委托一些手工艺人，或者精湛的成衣制造商根据订单制作款式。正因如此，蒙戴斯集团自 1949 年开始就生产雅克·汉姆和罗莎等品牌的外套和大衣产品。

不知不觉，成衣制造业开启了与高级时装合作的大门，之后更共同演绎了一段“设计师联盟”的传奇。

——［法］迪迪埃·戈巴克．亲临风尚．长沙：湖南美术出版社，2007,59,227–228

六、年轻风暴（20 世纪 60 年代）

“二战”以后世界发生更加迅猛的变化，冷战加剧了两大社会阵营的军备竞赛。科学技术快速发展，人类首次向太空进行挑战；战后的新的意识形态蓬勃繁荣，新的艺术流派充斥各个艺术领域，战后的新生代主导了流行时尚的话语权。在时尚历史上，这是一个首次以年轻人为主流的时代，战后婴儿潮出生的孩子正值青春期，由于种种历史、社会和家庭的缘故，年轻一代表现出强烈的反叛心理，在社会价值观、艺术审美、时尚打扮等诸方面都掀起了反叛的风潮。艺术界的波普艺术、披头士、摇滚乐等新艺术形式大行其道，嬉皮士（Hippy）、避世派（Beatniks）、阿飞族等年轻次文化活跃，加上当时无政府主义、性解放运动等等，犹如狂潮一般席卷欧美。这时的年轻人遵循自己的审美原则穿着打扮，在服饰潮流中出现了迷你超短裙、牛仔装、太空风格等多种年轻风格。（图 8–10）

风靡全球的年轻风暴强制地改变了世界人们的世界观和价值审美观，扭转了从迪奥时代为贵妇人服务的时尚主流，60 年代的服饰风格开始朝多样化方向迈进。

［阅读资料］

Youth Culture and the Denim Jeans

During the 1950s, for the first time in history, the term “youth culture”emerged, signaling that a new generation of young people wanted to differentiate themselves from their parents in both their ideas and external appearances. The source of this development was not Europe, still shaken by the after-effects of war, but the United States. The young Hollywood actors Marlon Brando and James Dean, together with the rock 'n' roll superstar Elvis Presley, became icons of the younger generation. Their characters in such films as A Streetcar Named Desire(1951), East of Eden(1955), and Jailhouse Rock(1957) embodied the image of the rebellious teenager, and their clothing reflected a shared attitude: a rejection of the Establishment and of the clothing mandated by their parents' generation.

图8–10 60年代晚期，Rolling Stone是最受推崇的摇滚乐队，他们随意的着装方式受到广大青少年的推崇。

This younger generation began to wear clothing that was in opposition to their parents' socioeconomic values: the garments of laborers, farmers, and soldiers–in other words, the social "under class". For the first time, denim jeans, until then frowned upon as working pants for gold diggers and cowboys, were shown on young, sexy stars–and these youthful film idols wore them tight and dirty! When the King of Rock 'n' Roll, Elvis Presley, the cult star of a generation of teenage girls, gyrated his hips clad in skintight jeans, the rise of denim jeans as the prime article of teen dress was unstoppable.

……

Today, T-shirt and jeans, elements of this formerly rebellious look, are treasured articles of clothing worn around the world–a uniform for the masses, from babies to senior citizens.

[摘译]

青年文化与牛仔装

20世纪50年代，历史上首次出现了“青年文化”一词，新一代年轻人渴望与他们的父辈不同。青年文化的潮流来自美国，当时，年轻的好莱坞影星马龙·白兰度等在电影中的反叛青年形象表达了年轻一代的诉求。由此，青年人开始穿着工装等下层阶层的装束，这与他们父母的价值观完全相左。曾经是牛仔和淘金者的工作裤率先被明星们推波助澜，今天曾经是反叛造型的T恤和牛仔，已经风靡世界，成为大众制服。

–Gerda Buxbaum. Icons of Fashion: the 20th Century. London, New York: Prestel Verlag, 1999, 77

迷你裙时代

图8–11 玛丽·昆特设计的迷你裙

20世纪60年代的迷你裙是自现代成衣以来时尚界的最大轰动，其裙摆之短开创了西方服装史之最。这种展露女性肢体的迷你裙，对身体解放进行充分的肯定，迷你裙很快便超越服装界而成为女性解放运动的象征之一。诞生之初的超短裙，长度仅至大腿中部，是具有喇叭状裙摆的斜裙。在当时人们的观念里，这种裸露大腿的着装状态只应该出现在红磨坊的舞台上，因此，可以想象穿着迷你裙的女孩走在大街上的时候给人们所带来的震撼。

1966年，美国的第一夫人杰奎琳穿着迷你裙的照片被刊登在《纽约时报》上，这种短小青春的时装被给予肯定地位，并成为当时性解放、女权运动的最佳广告。1968年是超短裙的鼎盛期。超短裙的臀部变得更为合身，下摆宽松，风格明快。裙子的用料也很随意，穿起来十分简洁、方便。那个时候，运动、旅游、游泳的热潮刚刚兴起，超短裙恰恰迎合这股新浪潮，它所代表的活泼、年轻以及蓬勃的朝气，正是60年代的代表符号。那些伦敦街头的时髦女孩因此成为整个世界少女们的时尚偶像。

虽然迷你裙的首创者尚有争议，但史书上记下了英国女设计师玛丽·昆特（Mary Quant）对迷你裙、对嬉皮士年代时尚变革的贡献。她本人也成为红极一时的时尚代表，被誉为“超短裙之母”，几乎与披头士（Beatles）一起并称为60年代的文化旗手。（图8–11）

到60年代后期，超短裙的裙长进一步缩减，仅仅盖住臀部，所谓过犹不及，短到了极点，也就到了超短裙的第一个低谷，随后的时装又大举

图 8–12 安德烈 · 古瑞吉 1969 年作品

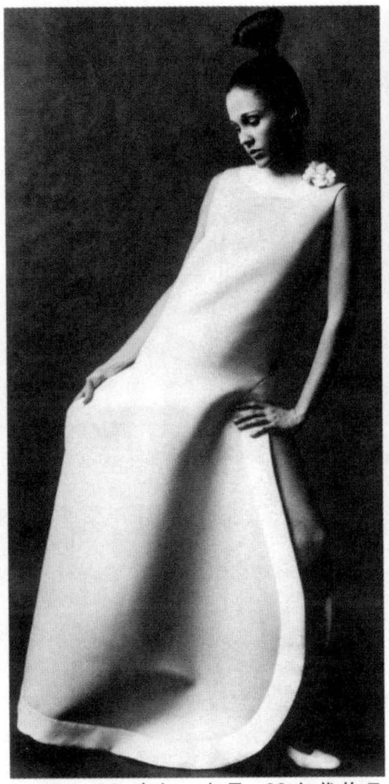

图 8–13 皮尔 · 卡丹 ：60 年代作品

图 8–14 60 年代妇女的社会解放从她们的着装中表现出来，拉邦纳Paco Rabanne作品，看上去像锁子甲的皮革制上衣

重新回到较长的裙子设计。

不可否认的是，超短裙旺盛的生命力超越了时空，直到今天，超短裙搭配过膝长靴的穿法仍然是时尚女孩的潮流装扮。

太空热与太空时尚

60 年代，由于人类积极拓展的“太空计划”掀起了一阵太空时尚热，服装设计师们也将他们的好奇心幻化成 T 台上各式时装形态的表达。对宇宙的神往，对科技的重视成为时尚的主题，由太空、宇航为灵感的设计应运而生，设计师们大胆采用新型材料和设计元素，创造充满视觉冲击力的“未来主义”风格。

法国设计师安德烈 · 古瑞吉（André Courrèges）从阿姆斯特朗踏上月球中获得灵感，1965 年推出了太空时代设计系列，采用白色和明快浅色面料设计，具有宇宙航行服的显著特征，帽子、眼镜和手套也都与之相配，给人一种前所未有的神秘感和未来感，成为开一代简约风尚的超前样板。1966 年，法国设计师皮尔 · 卡丹（Pierre Cardin）推出更野性的宇宙服风格，树脂、银色 PVC 面料与巨大的拉链点缀的修身迷你连衣裙搭配连身彩色丝袜，甚至把特定形状的帽檐加在头盔形的帽子上，以模仿宇航员的头盔。几何图形的剪裁、迷你超短裙、针织连身短裙和高筒靴，成为太空风貌（Space Look）的基本元素，也成为皮尔 · 卡丹一直延续的独有的设计风格。（图 8–12、图 8–13）

这些前卫的未来时尚风格也开拓了西方时装审美的新途径，同时也揭示了时装界的未来是多元的，设计师们也以不同的设计风格、不同的艺术风貌“各领风骚几十年”。（图 8–14）

[小资料]

波普艺术与时装

波普艺术（Pop Art）最早起源于 20 世纪 50 年代的英国，之后以安迪·沃霍尔（Andy Warhol）为代表的一批明星级艺术家的影响力在美国得到巨大发展，安迪·沃霍尔喜欢时尚，他结交服装设计师，接受时尚杂志采访，与时尚摄影师来往密切。1963 年，他以他的绘画作品为基础设计了一款名为“脆弱（Fragile）”的服装，1964 年设计了“布瑞诺盒子（Brillo Box）”，1965 年设计了“S&H 绿色邮票（S&H Green Stamps）”的上衣等等，安迪·沃霍尔将波普图案与艺术结合的实验也影响了一代时装设计师。

美国设计师候司顿（Halston）借用沃霍尔绘画作品“花儿”系列的图案做了系列服装设计，法国设计师伊夫·圣洛朗（Yves Saint Laurent）也模仿波普艺术创造了一系列作品。直到 20 世纪 90 年代还不断有设计师以老一代波普艺术大师的作品为灵感来源设计新的服装系列。

七、时尚多元的年代（20 世纪七八十年代）

时至 70 年代，叛逆浪潮渐行渐远，随着经济发展和社会丰裕给人们更多的旅行与闲适，地球变小了，文化更包容了。异域风情的服饰成为时尚圈发展新方向，东方设计师适时进入巴黎时尚圈，给西方时尚带来颠覆性的视角。现代科学的供暖技术改变了人们的着装方式，女人在冬天穿的越来越少，时尚界开始面临无季节差别时尚的挑战。70 年代后，各种时尚风格此消彼长，大众的选择范围扩大，穿着也变得更有自己的主张。

不得不说明的是，20 世纪的男装始终以三件西式套装为经典，但其细节不是一成不变，通常在领型、肩型、纽扣多寡、后背开衩等细节多有变化。不过到了六七十年代，男装更趋休闲趣味，运动类、休闲类服装越来越成为男装的另一主题，原先美国西部牛仔的裤子从美国西部到东部，并迅速流行到全世界，这种水洗石磨的蓝色粗布裤子风靡全球。而女装的风貌变幻更是惊人，此后的几十年里，在时尚舞台上女装上演了一场又一场大戏。

当西方遇见东方

60年代末至70年代期间，青年风暴引入了许多西方时装世界未有过的款式，如尼赫鲁外套、阿拉伯长袍、日本和服、夏威夷裤装等，这些非常民族化的款式及其面料、装饰风格在西方世界掀起了一股东方热潮。

在东方热潮方兴未艾的背景下，一些黑发的亚裔设计师出现在巴黎，在西方时装舞台中央并获成功，欧美时尚文化被吹入了一股清新而渊长的东方之风。时装设计师高田贤三(Kenzo)和其他的日本设计师给西方时装舞台带来全新的东方风情和观念突破。

60年代中高田贤三远赴巴黎开始他的国际时装设计师生涯，他开始了不以国界为设计范畴的创意，他将西方服装融入东方民族服饰特点，打破过于平衡的设计理念，利用东方服装的平面构成和直线裁剪的组合，创造出宽松自由的新时装风格。以后，日本设计师三宅一生（Issey Miyake）及80年代走红的山本耀司（Yohji Yamamoto）、川久保玲（Rei Kawakubo）等都将东方设计师独特的东方文化为背景，摆脱西方的设计成规，向传统的欧式观念挑战，质疑并批判西方传统时尚的美学标准，将服装大胆解构。到70年代末和80年代初，这些东方设计师推出的“乞丐装”、“破烂式”时装，打破了华丽高雅的传统审美，颠覆了西方的着装常识，给西方时装界带来了颠覆性的冲击。从此西方的时尚语言发生了根本性的转变。（图8–15）

图8–15 山本耀司（Yohji Yamamoto）1997年作品

迪斯科与朋克时尚

摇滚迪斯科风潮自70年代风靡全球以来，其音乐特色便成为舞蹈及享乐主义的终极指标，闪烁的霓虹灯，震动洋溢的空气及夺目摆动的节拍，营造出迷幻流动的气氛。人们尽情在夜店享受狂放节奏，以及各式缤纷的亮红、银绿、金属光泽和闪耀夺目的服装与饰品，狂放华丽的自信。其中的款式有缀满闪光亮片的弹力紧腿热裤，紧紧包裹人体，散发着魔幻般的魅力。

图8–16 70年代早期，受失业影响，年轻人的着装变得更为反叛，图为曼彻斯特的朋克少年

一股所谓“朋克”的反传统浪潮兴起，朋克青年以十分鲜

明的衣着、发型、装饰等外在符号标示出他们的特立独行。他们对社会的不满情绪和思潮在时尚领域也得到体现。朋克对衣服进行破坏性改造，破坏面料，磨损边缘，污损图案等。朋克一族穿着黑皮衣、打铆钉、破裤子、大靴子，将别针和金属链条与面料别在一起，刀片当链坠、耳环、鼻环……这股前卫的时尚虽然未能成为服装主流，但对时尚审美领域的传统观念无疑是重大的突破。（图 8-16）

一位英国设计师维维安·维斯特伍德（Vivienne Westewood）成功地将地下或街头时尚变成大众流行风潮，被人们誉为“朋克之母”。维斯特伍德以叛逆的服装风格成名，她的设计从来不拒传统，不拘一格，将历史的、传统的、前卫的、性感的，甚至政治内涵统统融汇在她的设计中，创造出让人惊诧咋舌的服装。她设计了许多撕开的、略略滑离身体的服装来塑造性感女郎，垂荡袜、松糕鞋、“内衣外穿”都是她的全新创造。她奇特的思维模式通常表现为扭曲的缝线，不对称的剪裁，尚未完工的下摆和不调和的色彩。她的衣服从来都是极力地强调胸部和臀部，低胸配以大领子，臀部故意用填充物垫得高高的……从未受过正规服装教育的维维安·维斯特伍德在时装界大获成功，给时装界带来不小的震动，也为服饰潮流的发展注入了新的活力。

阿玛尼（Armani）与宽肩女装

随着职业女性被社会接受和认同，以及随之而来的职位提高，女性需要更能代表其地位和身份的服装风格。80 年代初，意大利设计师乔治·阿玛尼（Giorgio Armani）适时推出的女装有宽大的肩部，这种具有男装色彩的女装成为 80 年代女性最具突破性也最具代表性的着装。厚肩垫和单调的基本色是所谓“权力套装”重要的特征。同时，其他象征力量的如男性风格袖子的宽肩夹克、衬衫也开始流行，垫肩成为女性服装风格必不可少的配饰。不过，垫肩形成的肩部造型有微妙的特点，这时期的女装宽肩的垫肩呈现更为柔和圆润的线条。设计师们在进行针织衫、毛衫、T 恤等款式的设计时，也会有意加入可拆卸的垫肩，直到 90 年代，垫肩才逐渐在女装中消失。

有位作家 Jonh T.Molloy 于 70 年代出版了《为成功而穿衣》（Dress for Success），和另一本《女人为成功而穿衣》（The Woman’s Dress for Success），主要内容是遵循适度的穿衣法则将有助于职场人士的成功提升。其中提到男士的成功穿着是衬衫加领带，而女性的成功穿着是带领结的高领衬衫、翻领羊毛西式套装、西式背心及西装裙。因此，为成功而穿衣的雅皮士（Yuppies）开始追求名牌服装，80 年代是西方经济蓬勃发展的时代，也是物质主义挂帅，充斥品牌崇拜，同时又极度自恋的年代。设计师品牌蓬勃发展，设计师品牌的风格、品质和个性成为现代时尚消费的重要卖点。

八、迈向新世纪（20 世纪 90 年代）

随着互联网和移动通讯技术的发展，全球经济一体化进程加快，世界进入后工业时代，电子商务的发展也使得商务运作改变了传统的商业模式；在艺术领域的后现代主义越来越成为主流，多种多样的风格和前所未有的形式完全改变了传统的审美，时代正朝着新的世纪行进，更多更丰富的服饰打扮也在这个年代出现，前卫的、怀旧的、嘻哈的、狂放的、精致的、环保的……多种观念多种设计充斥在这个新时代里。历史各个时期的服饰文化对时尚的影响此消彼长，形成了现代服饰多元化肥沃的土壤，而日新月异的社会文化生活，也催生了全新的设计创新。一种风格概括一个时期潮流走向的时代已经一去不复返了。作为历史研究的 90 年代尚嫌太早，但略作简单的梳理或许对未来的时尚设计会有启迪，而深入的研究和分析也许要留给后人。

休闲时尚

后现代的经济模式发生根本变化，新一代的 IT 产业精英同样成为时尚楷模，他们的工作与生活方式都与传统的不同，于是休闲时尚应运而生，成为成功人士引导的时装潮流，时装评论家称 90 年代为反叛与物质狂热后的冷静期，简约舒适的极简主义风格是这个年代人们对过去物质铺张的反思结果，成为时尚最强音，所以这种闲适的着装风格和随意的穿戴方式越来越被大众认同。

嘻哈时尚（Hip-hop）

嘻哈（hip-hop）文化源自美国社会边缘的亚文化族群，那些非洲裔居民通常出于经济原因给孩子买大一号的衣服，未曾料到这种“超大号”的着装风格渐成时髦。宽大的 T 恤或超大的运动装一直盖过臀部，裤子又肥又大，松松垮垮地系在胯部，裤腿一直拖到地面，在鞋底旁边堆积。随着黑人嘻哈说唱音乐在世界各地的流行，这种街头超大 XXL 装束也在全世界年轻人中流行起来。如今，嘻哈时尚已经不仅仅属于一小部分人，而成为所有认同这种文化的人都推崇的风尚。

纯净时尚（Purism）

纯净主义是一种以功能性为基础，以简洁为形式，以建筑和几何形态为灵感来源的服装风格，常用灰色、白色及各种浅色调，打造出干净且极富构造感的特征，被誉为“新的经典”。现代主义的“少即是多”虽然在后现代被人质疑，但时尚界的简洁、纯净而充满意味的风格显然是一种更高的境界。这是一种极其克制的风格，要求设计

图 8-17 90 年代晚期伊夫·圣洛朗（Saint Laurent）的透视装

师有极高的创造力、去除所有多余装饰的勇气、对配饰极强的控制力，以及对面料和适体度极其细微的体察。纯净主义风格更着意突出着装者精神层面的风度，强调个体端庄和尊贵，为这个功利的社会带来与世无争的松弛与平和。简单而不矫饰，实用且化繁为简是这种风格的关键词。

透明与性感

随着科技的发展，如水晶般清澈透明的面料出现，使显露人体的透明装成为可能。经过 60 年代年轻风暴的洗礼，此时的透明装不再是简单的裸露，而变得更为含蓄。透明与层叠效果的设计，再次挑战人体与服装之间的界限。设计师采用网状面料创造若隐若现的透明效果，透明面料之间的层叠效果也出现。蕾丝作为传统的材料，常用于内衣或晚礼服，是表达女性魅力的重要手段，在此时也成为最受欢迎的面料，与透明面料结合使用形成的层叠效果创造出一种全新的着装美学。与透明风格相适应，化妆领域里也出现了呈现清透自然妆容效果的“裸妆”风格。（图 8-17）

做旧时尚

这绝对是 20 世纪特有的时装审美，时尚以旧、皱、破为美，在后现代的审美观念里做旧成为时尚界里正常的事情。在牛仔裤的流行中，美国西部牛仔装束的狂野也在 20 世纪演绎得轰轰烈烈，牛仔服装成为最流行的服装，且运用水洗、石磨等工艺手段，将牛仔服装做旧，甚至做破，这样的破旧牛仔风格如旋风般吹遍全球。早先时装界的乞丐风格和以后的街头时装等均为 90 年代提供了完全另类的时装风格。90 年代初，灵感来源于 Grunge 音乐、街头和青年文化的“垃圾”服装（Grunge Fashion），虽采用上等面料和昂贵的整理工艺，但这种风格看上去是凌乱不堪，真丝衬衫皱皱巴巴，做旧的法兰绒 T 恤歪歪扭扭。日本设计师三宅一生（Issey Miyake）的 PLEATS PLEASE 的褶皱衣裳是这类时尚中最为成功的设计，他的褶皱装为现代时尚生活所设计，兼具现代科技、功能性和美，以突破传统、超实用性和整体性的设计而著名。这一风格的影响已渗入潮流之中，并夹裹着绿色环保等新理念，使时尚朝着方便和舒适的方向继续迈进。

图 8–18 当代设计师麦奎 Alexander McQueen 的未来风格设计

高科技风尚

面料技术的进步改变了服装面貌，设计师们对运用高科技面料从而改变服装设计十分倾心。诸如用荧光材料设计的服装，能在夜晚发光；水洗的丝绸，可干洗的貂皮使消费者使用更为方便；特氟隆（teflon）涂层材料使面料具有防水性能；弹性人造纤维（spandex）与棉、毛织物的混纺等，随着纺织、化纤科技的发展，面料的设计更为丰富，新型面料史无前例地增加了舒适性、功能性，电脑加工的广泛使用也使服装的多样性得以实现。高科技使人们的生活更加方便快捷，也为设计师展开了更为广阔的想象空间。（图 8–18）

思考题

1．试述波阿莱的风格、对时装界的贡献及其历史局限性。

2．新风貌出现的历史背景、社会贡献及其局限性。

3．试述高级时装衰落的原因及其挽救的措施。

4．20 世纪 80 年代宽肩造型流行的原因及其对现代女性着装的影响。

5．试从多方面、多视角思考：造就 20 世纪服饰文化丰富多彩的因素有哪些。

图书在版编目（CIP）数据

外国服装史 / 袁仄，蒋玉秋，李柏英编著 .—2 版
.—重庆：西南师范大学出版社，2012.4(2022.6 重印)
（中国高等教育服装服饰教学创新丛书）
ISBN 978-7-5621-4627-8

Ⅰ. ①外… Ⅱ . ①袁… ②蒋… ③李… Ⅲ . ①服装－历史－国外－高等学校－教材 Ⅳ. ① TS941-091

中国版本图书馆 CIP 数据核字（2012）第 059211 号

中国高等教育服装服饰教学创新丛书
主编：袁仄

外国服装史（修订版）
袁 仄 蒋玉秋 李柏英 编著
责任编辑：王正端 戴永曦
整体设计：王黎黎 王正端
西南师范大学出版社(出版发行)
地 址：重庆市北碚区天生路 2 号 邮政编码：400715
本社网址：http://www.xdcbs.com 电 话：(023) 68860895
网上书店：https://xnsfdxcbs.tmall.com
排 版：点划设计工作室
制 版：重庆海阔特数码分色彩印有限公司
印 刷：重庆康豪彩印有限公司
幅面尺寸：210mm × 285mm
印 张：10
字 数：320 千字
版 次：2012 年 7 月 第 2 版
印 次：2022 年 6 月 第 7 次印刷
书 号：ISBN 978-7-5621-4627-8
定 价：58.00 元